U0021481

FRANCE IN 33 GLASSES

Sniff's Field Guide to French Wine

33杯酒喝遍法國

文｜葡萄酒大師　馬克・派格(Mark Pygott MW)
圖｜麥可・歐尼爾(Michael O'Neill)　翻譯｜潘芸芝

目錄 Contents

33杯法國葡萄酒產區地圖

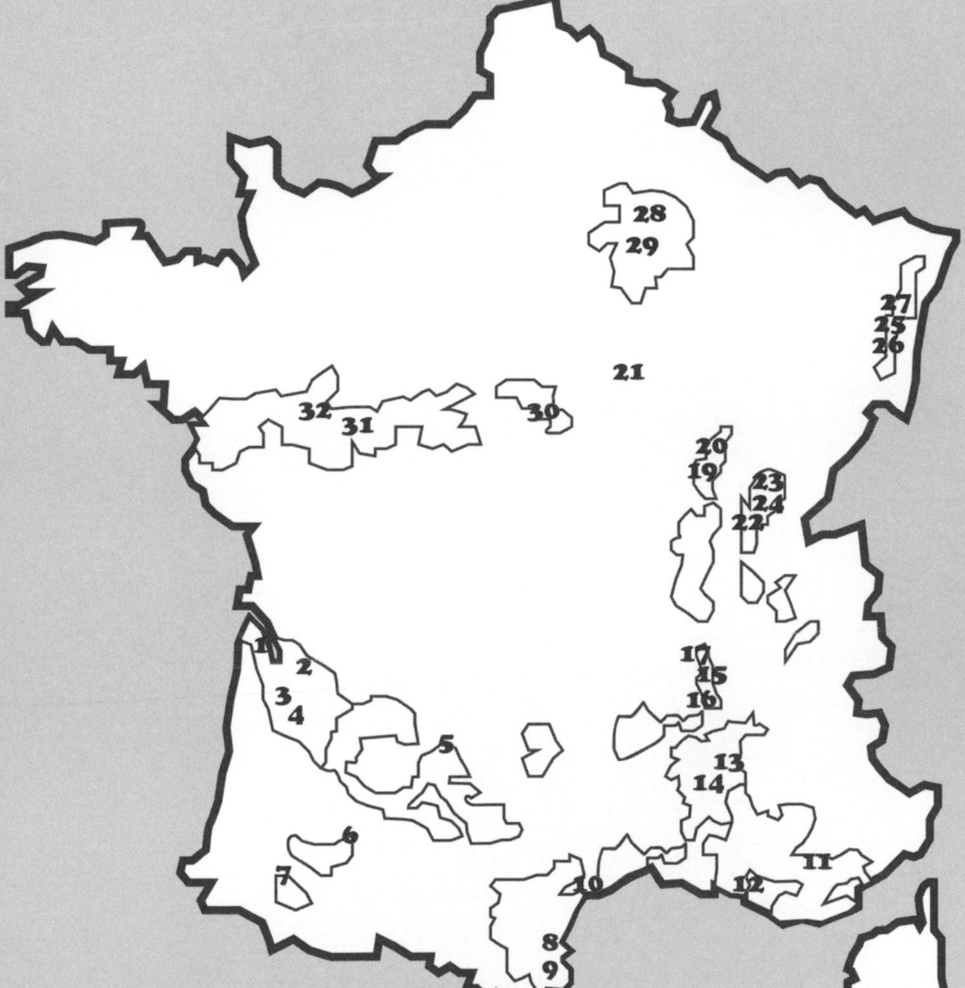

前言

麥可與我於 2014 年成立了部落格「Sniff」（sniff.com.tw），目的是希望能讓葡萄酒與美酒賞析更為平易近人。與其依循較傳統的方式來介紹葡萄酒，我們創造了 Sniff 這位主人翁，並透過插畫與充滿熱情的指引說明，讓更多人開始對葡萄酒產生興趣。這是我們的第一本著作，由體貼細心的 Sniff 擔綱旅伴，陪同各位讀者踏上精采的法國葡萄酒之旅。

隨著年紀漸長，我發現自己愈來愈難將我喜愛的葡萄酒書搬到客廳沙發以外的地方。這些既大又重的書籍雖然能讓我在舒適的家中細讀瀏覽，出外旅行時卻完全派不上用場。由於它們攜帶困難，以至於每回我到不同的葡萄酒產區參訪時，只得用影印或拍照的方式節錄相關內容，並暗自希望，如果自己需要的所有資訊都能在同一本書裡該有多好。

有鑒於此，麥可和我一同打造了《33 杯酒喝遍法國》。這是一本容易攜帶的輕量級參考手冊，到哪兒都可以帶著走，囊括了充足且容易理解、記憶的所有資訊，提醒讀者每一個產區的酒款風格，以及背後的主要成因。

我們希望能將法國葡萄酒變簡單，但絕非以屈尊俯就的態度來教述，而是以簡潔的方式整理出葡萄酒之所以有這些風味背後的原因。我們決定以 33 款酒帶出法國葡萄酒的精髓，這當然不表示全法國只有這幾款酒值得品飲，事實上這本書也可以叫作「333 杯酒喝遍法國」，但還是會有人爭辯 3,333 杯也無法完整地呈現法國葡萄酒的全貌，而他們很可能是對的。但如同我先前提及，我們希望這是一本容易攜帶且平易近人的作品，讓讀者在旅途中也能帶著走，並記錄下各種關於葡萄酒的心得和感想；總之，這理應是一本極為實用的手冊。

我們誠摯希望讀者從這本書所獲得的樂趣，和我們在創作過程中的一樣多。如果你因此而願意品嘗更多樣化的酒款，無論是原本不願意嘗試或因不熟悉而不加以考慮的，我們才能稱自己的作品值得。

Mark Pygott

如何使用這本書

這本書和我們一樣，非常簡單，而且是刻意如此。本書依產區介紹 33 杯葡萄酒，其酒莊位置均標示於第 5 頁的法國地圖中。每一個產區的末頁另列出一份酒莊清單，雖然不夠齊備，卻是我們相信最能代表該產區的業者，就如同書中的每一杯葡萄酒。這 33 款酒並不是法國最佳的酒款（那是不可能的任務），我們純粹是希望能透過這些酒款，展現法國葡萄酒可口美味且多元的樣貌。目前市場上應該可以買得到每一款酒與年分，但請不要過度執著於後者而忽略其他要素。我們之所以選擇這 33 款酒的某個特定年分，是因為它能夠展現出較冷或較熱的生長期為杯中酒帶來的影響。如果買不到書中所列的年分，不妨試試其他年分，你會發現不同年分的表現，無疑是葡萄酒另一個有趣之處。

由於全球市場酒價不一，我們很難列出一款酒真正精確的價格，不過由於法國使用歐元（€），因此我們以歐元表示各別酒款在法國當地的售價，似乎再合理不過。本書的價格區間表示如下：

（大約）零售價

€ = 10 歐元或以下

€€ = 20 歐元或以下

€€€ = 30 歐元或以下

€€€€ = 40 歐元或以下

€€€€€ = 50 歐元或以下

€€€€€ + = 50 歐元以上

讀者可能會發現，談到波爾多與布根地這類產區時，介紹的酒款價格似乎偏高。沒錯，過去 10 至 15 年來，波爾多與布根地的「一般」酒款品質已有顯著的提升，但在這些知名產區裡，最具代表性的酒款始終不便宜。最終，一款酒的「價值」還是要仰賴各位的嗅覺與味蕾，而我們希望各位判斷的標準基礎，是品飲時享受的程度，這才是最重要的。

我們不希望這本書充斥著大量的科學解釋或錯綜複雜的農耕技巧，但還是需要指出釀酒人與葡萄植栽者的決定如何影響杯中酒。因此，書中列出了簡短扼要的〈技術篇〉，以檢視葡萄管理與引枝、有機與／或生物動力農耕法，和釀酒人如何使用橡木桶的方式。

最後，本書還附上可以記錄品飲筆記的格式建議，上面列出撰寫品飲筆記時，可能需要考慮的要點。

讓我們舉杯！Tchin tchin！

波爾多 Bordeaux

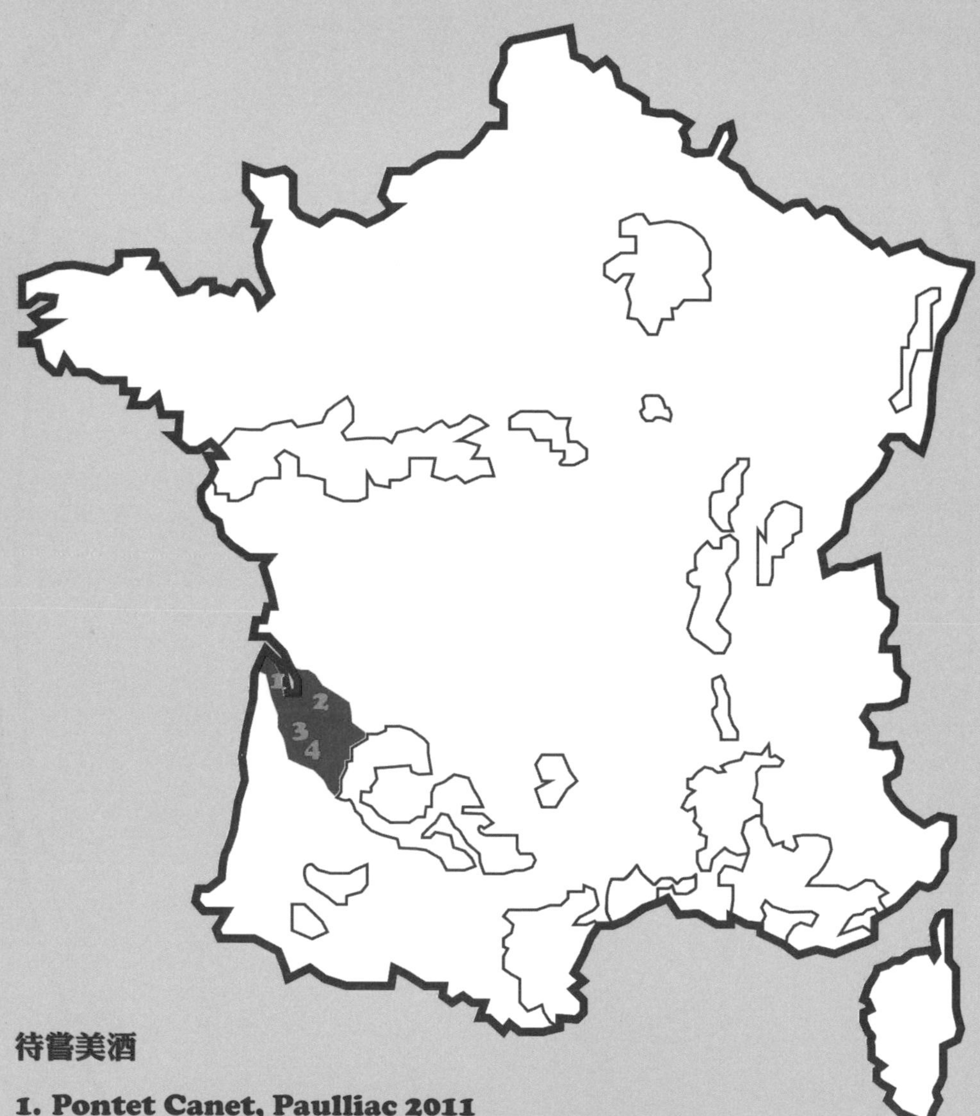
1
2
3
4

待嘗美酒

1. Pontet Canet, Paulliac 2011

2. Château La Fleur Pétrus, Pomerol 2012

3. Château Smith Haut Lafitte, Pessac Leognan 2014

4. Château Coutet, Barsac 2014

法國
波爾多與其釀造的頂級酒，堪稱全球最知名。
這裡一側靠大西洋，受潮汐影響的加隆河（Garonne）從中間穿過，在法國屬於較平坦的農地。乍看之下，波爾多遠不如長滿芳香地中海灌木叢的野性隆格多克（Langued-oc），或有梯田景觀的北隆河（Rhone）那般引人注目或令人印象深刻，但這裡卻散發滿滿的自信與魅力。
吉隆特河口
(Gironde)
波爾多產區
波爾多(城)

與產區同名的波爾多城、景色可媲美明信片的聖愛美濃（St. Emilion），以及梅多克（Medoc）令人印象深刻的莊嚴酒堡，都足以令人燃起興奮之情，特別是當你開著租來的車，緩緩駛進即將造訪的第一家波爾多酒莊之時。
波爾多大教堂

事實上，此地是法國葡萄酒業貢獻給全世界兩個最大禮物的家鄉：歡樂的梅洛（Merlot），與相較之下更有稜有角的卡本內蘇維濃（Cabernet Sauvignon）。兩者在波爾多表現最優，展現的高雅與深度鮮少有地方能媲美。但波爾多到底為什麼如此特別？這裡的氣候又如何影響酒款？產區土壤是否有特出之處足以影響酒款品質？
要回答這些（或更多）問題，我們得先幫自己倒上第一杯酒。

Glass

左岸紅酒 Pontet Canet, Pauillac 2011, €€€€€ +

為了要從這廣大且品質不一的產區選出一款足具代表性的酒，我決定落腳最有名的村莊，並從中挑出一支名酒作為代表。這款以 60% 的卡本內蘇維濃與 35% 的梅洛釀成的紅酒，堪稱經典的波爾多調配酒。波爾多頂級酒的投資熱潮和市場需求始終不減，代表這些酒不但品質高，價格也不低，但要真正解波爾多，還是得先從品質較佳的酒款開始品嘗。2011 是個價格較親民的年分，也比風格濃郁奔放的年分——如 2010 年——更能代表波爾多。這是能即飲的年分，單寧非常細緻，但展現耐心同樣會獲得回報，因這是一款能放上至少 10 年的酒，而且會綻放地相當高雅。

GRAND CRU CLASSÉ EN 1855
CHÂTEAU
PONTET-CANET
2011
PAUILLAC
APPELLATION PAUILLAC CONTRÔLÉE
13% vol
MIS EN BOUTEILLE AU CHÂTEAU
750 m

Sniff 的品飲筆記

香氣甜美，帶有黑莓、藍莓，以及如香水般的紫羅蘭香氣，個性鮮活。這款以果香和花香為主要調性的紅酒，襯有可可、巧克力與香草香氣，最後還有些許鉛筆芯或濕石頭的氣味，帶點神秘感，令人莞爾一笑。口感同樣鮮活，新鮮且高雅，酸度佳，令人口頰生津。單寧非常細緻，輕撫口腔，一點也不粗魯。單寧是支撐優質波爾多紅酒不可或缺的骨架，並能為酒款增添質地，讓酒款的風味一路持續發展至令人滿足的綿長餘韻。

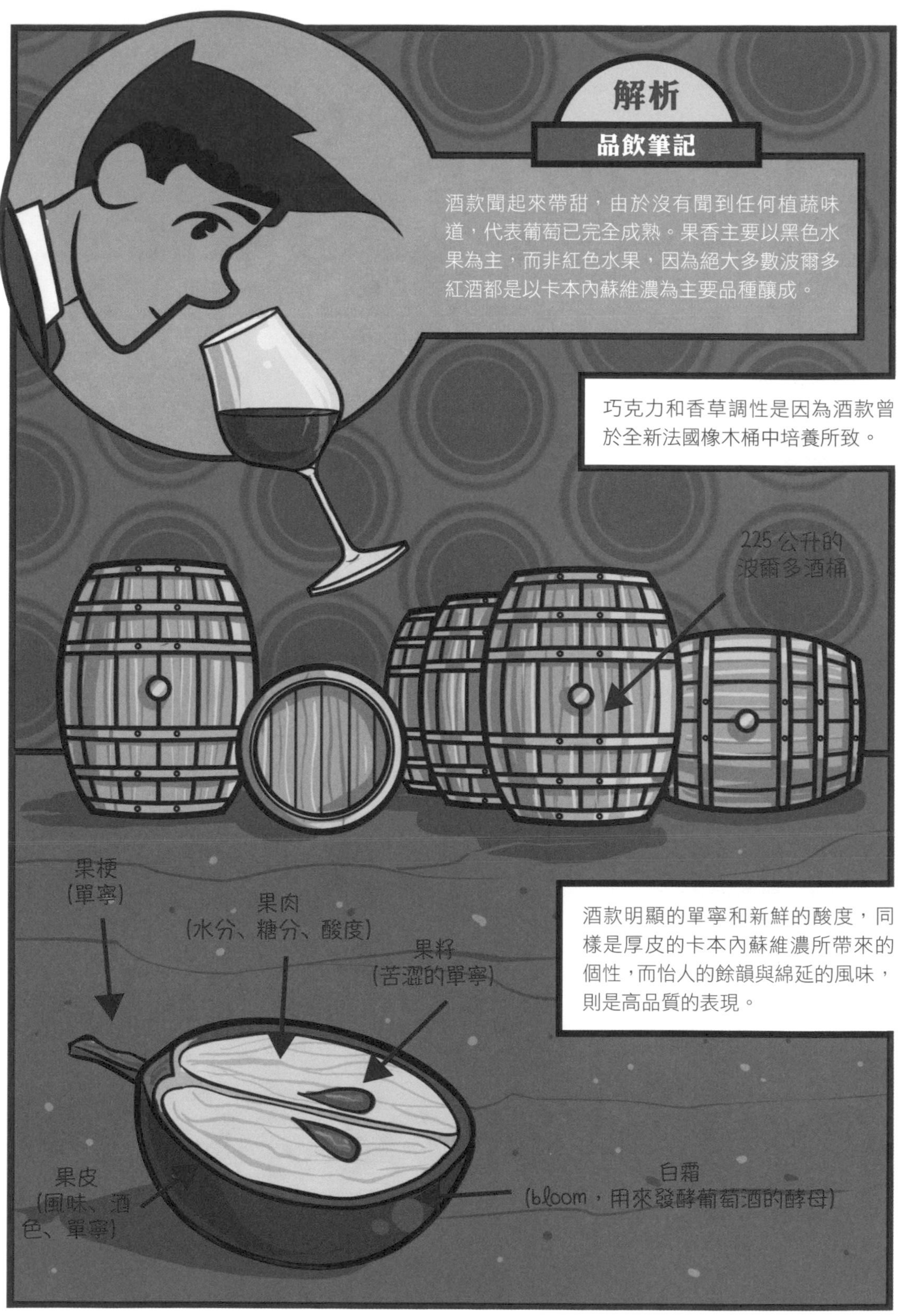
解析
品飲筆記
酒款聞起來帶甜，由於沒有聞到任何植蔬味道，代表葡萄已完全成熟。果香主要以黑色水果為主，而非紅色水果，因為絕大多數波爾多紅酒都是以卡本內蘇維濃為主要品種釀成。
巧克力和香草調性是因為酒款曾於全新法國橡木桶中培養所致。
225 公升的波爾多酒桶
酒款明顯的單寧和新鮮的酸度，同樣是厚皮的卡本內蘇維濃所帶來的個性，而怡人的餘韻與綿延的風味，則是高品質的表現。
果梗（單寧）
果肉（水分、糖分、酸度）
果籽（苦澀的單寧）
果皮（風味、酒色、單寧）
白霜（bloom，用來發酵葡萄酒的酵母）

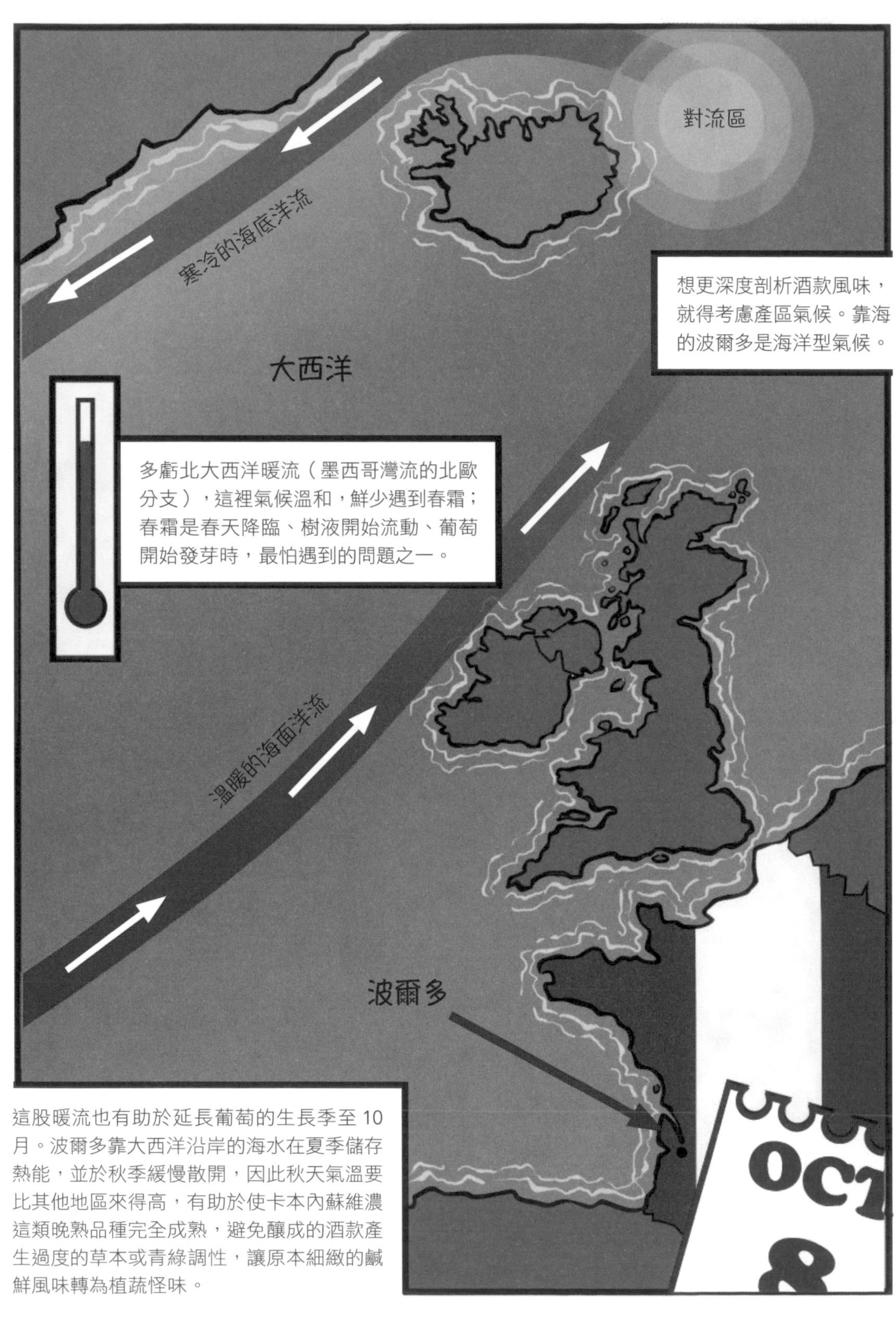
對流區
寒冷的海底洋流
想更深度剖析酒款風味，就得考慮產區氣候。靠海的波爾多是海洋型氣候。
大西洋
多虧北大西洋暖流（墨西哥灣流的北歐分支），這裡氣候溫和，鮮少遇到春霜；春霜是春天降臨、樹液開始流動、葡萄開始發芽時，最怕遇到的問題之一。
溫暖的海面洋流
波爾多
這股暖流也有助於延長葡萄的生長季至 10 月。波爾多靠大西洋沿岸的海水在夏季儲存熱能，並於秋季緩慢散開，因此秋天氣溫要比其他地區來得高，有助於使卡本內蘇維濃這類晚熟品種完全成熟，避免釀成的酒款產生過度的草本或青綠調性，讓原本細緻的鹹鮮風味轉為植蔬怪味。
OCT
8

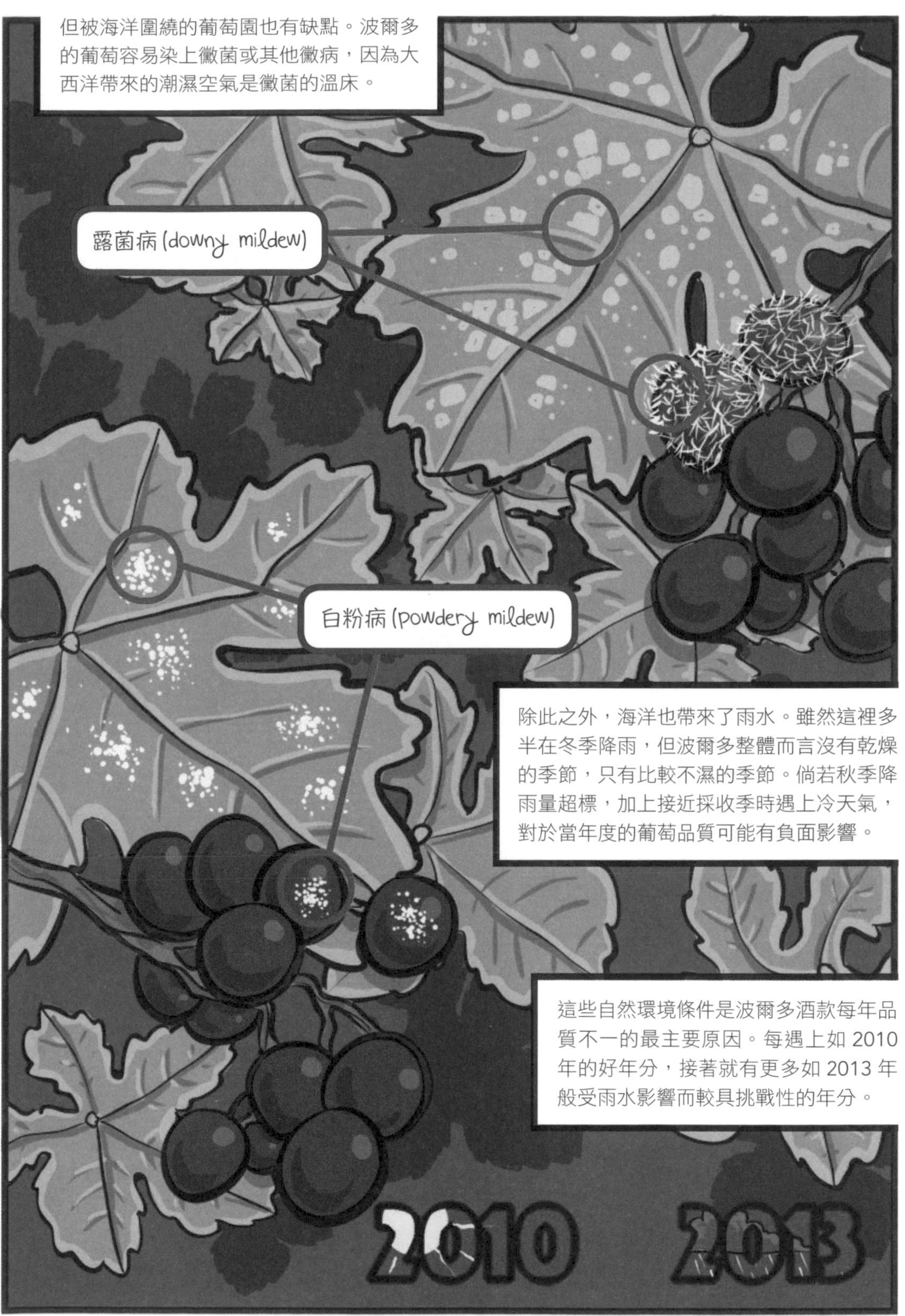
但被海洋圍繞的葡萄園也有缺點。波爾多的葡萄容易染上黴菌或其他黴病，因為大西洋帶來的潮濕空氣是黴菌的溫床。
露菌病 (downy mildew)
白粉病 (powdery mildew)
除此之外，海洋也帶來了雨水。雖然這裡多半在冬季降雨，但波爾多整體而言沒有乾燥的季節，只有比較不濕的季節。倘若秋季降雨量超標，加上接近採收季時遇上冷天氣，對於當年度的葡萄品質可能有負面影響。
這些自然環境條件是波爾多酒款每年品質不一的最主要原因。每遇上如 2010 年的好年分，接著就有更多如 2013 年般受雨水影響而較具挑戰性的年分。
2010
2013

同樣面對多變的氣候，為什麼某些酒莊的品質就是比其他酒莊更穩定、優秀？這就是人與自然之間複雜的互動了。有能力或有心投資時間與金錢的酒莊，除了力圖擴展酒莊潛力，通常也會嚴格監控葡萄園整體狀況（參見第 50 頁〈樹冠管理〉）；這些釀酒業者的收成理應優於其他業者，但別忘了，土壤也扮演了關鍵的角色。

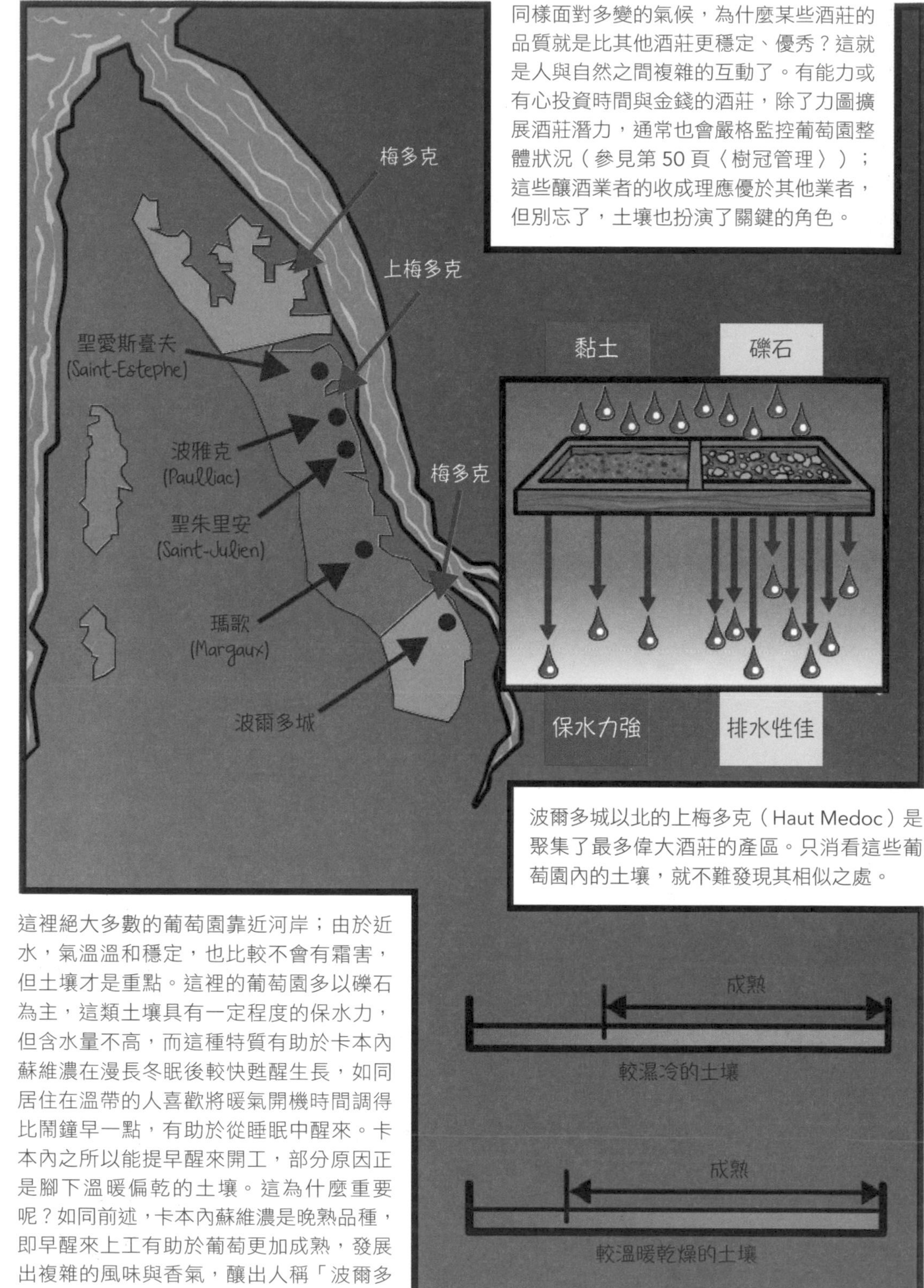
梅多克
上梅多克
聖愛斯臺夫
(Saint-Estephe)
波雅克
(Paulliac)
聖朱里安
(Saint-Julien)
梅多克
瑪歌
(Margaux)
波爾多城
黏土
礫石
保水力強
排水性佳
成熟
較濕冷的土壤
成熟
較溫暖乾燥的土壤

波爾多城以北的上梅多克（Haut Medoc）是聚集了最多偉大酒莊的產區。只消看這些葡萄園內的土壤，就不難發現其相似之處。

這裡絕大多數的葡萄園靠近河岸；由於近水，氣溫溫和穩定，也比較不會有霜害，但土壤才是重點。這裡的葡萄園多以礫石為主，這類土壤具有一定程度的保水力，但含水量不高，而這種特質有助於卡本內蘇維濃在漫長冬眠後較快甦醒生長，如同居住在溫帶的人喜歡將暖氣開機時間調得比鬧鐘早一點，有助於從睡眠中醒來。卡本內之所以能提早醒來開工，部分原因正是腳下溫暖偏乾的土壤。這為什麼重要呢？如同前述，卡本內蘇維濃是晚熟品種，即早醒來上工有助於葡萄更加成熟，發展出複雜的風味與香氣，釀出人稱「波爾多之王」的卡本內紅酒。

梅蘭妮·特思宏（Melanie Tesseron）

梅蘭妮是 Pontet Canet 酒莊的三位擁有者與經營者之一，也是特思宏家族的一員。她個性踏實親切，且氣質高雅，是自家酒款風格的縮影。在試圖了解這款酒是怎麼樣的波爾多酒前，我們必須要先理解酒莊的背景。早在 2004 年便開始進行相關實驗的他們，是波爾多第一家施行生物動力法（Biodynamism）的列級酒莊 *（參見第 106 頁〈有機〉）。簡而言之，生物動力法將葡萄園視為一個有機體，使用有機農法，但又多了點宇宙／超自然的特質。若說這聽起來有點「新世紀」（New Age）也沒錯；只不過，有別於傳統農耕，生物動力法似乎真的有助於提升酒款品質，許多酒莊皆是如此，在 Pontet Canet 亦然。我們能否真的從杯中嘗到生物動力的影響還有待釐清，不過梅蘭妮的叔叔艾弗列·特思宏（Alfred Tesseron）表示，施行生物動力法後，酒款要比過去更「容光煥發」了。

Pontet Canet 酒莊
空氣進入
木桶

* 注：列級酒莊（Classified Growth）全為波爾多左岸名莊，是 1855 年根據各家名聲和市場價格所制訂的名單。雖然 1855 分級制度列出 61 家酒莊的方式略嫌粗略，但依舊不乏可信度。如今名單上絕大多數的酒莊表現都較過去更為出色（也有少數幾家更糟）。Pontet Canet 在名單上雖名列五級酒莊，今日表現卻絲毫不輸二級酒莊。

這款酒最明顯的特色來自曾培養於 50% 的全新法國橡木桶中（參見第 144 頁〈木桶〉），這與許多頂級波爾多紅酒的作法如出一轍。新橡木桶——特別是產區流行使用的 225 公升傳統小橡木桶——能夠增添酒款的風味與甜辛的香料氣息，如香草、肉豆蔻、丁香和肉桂，也有助於軟化酒中大量的單寧；後者是由於空氣滲入木桶橡木條的毛細孔中與酒液作用，進行緩慢的微氧化而來。

Glass
2
右岸紅酒 Château La Fleur-Pétrus, Pomerol 2012, €€€€€ +
選擇右岸酒款時，最直接的選擇應是找一款如明信片般美麗，而且較大也更知名的聖愛美濃周邊產區的酒，但位於該地西北部的小產區卻更令人難以抗拒。
玻美侯
這裡是個性豐腴圓潤的梅洛之鄉。全法國與梅洛淵源最深的產區，莫過於緊密又難以形容的利布恩（Libourne）。我決定選擇玻美侯（Pomerol）產區代表第二款酒時，最擔憂的莫過於這裡許多酒款的價格。這塊波爾多飛地（enclave）產量有限但名氣響亮，也難怪玻美侯酒價通常不低，所幸我們不需要品嘗 Pétrus 也能體會玻美侯之美。

2012 年和 2011 年相同，都為釀酒師帶來莫大的挑戰，然而玻美侯與其他仰賴梅洛品種的產區，通常要比以晚熟卡本內蘇維濃為主要品種的產區輕鬆一點；9 月底和 10 月的降雨影響了當年度卡本內葡萄的品質。
Lafleur 酒莊
玻美侯
La Fleur-Pétrus 酒莊
聖愛美濃
Pétrus 酒莊
如酒莊名稱所示，La Fleur-Pétrus 正好位於 Pétrus 與 Lafleur 兩大名莊之間。該酒莊位於玻美侯的「高原」上（參見第 24 頁）；這是地質學和土壤學上的定義，而非任何法規，但這地區卻是玻美侯奢華個性最真實的體現。
那麼，玻美侯為什麼如此受人追捧？除了產量有限，玻美侯酒款細緻豐腴的質地、柔軟的口感，以及極可愛的個性，無非是讓它大受歡迎的原因。但可別以為玻美侯只適合有錢的葡萄酒初探者。
這裡的酒不乏架構，只是骨頭帶了點肉，有何不可呢！

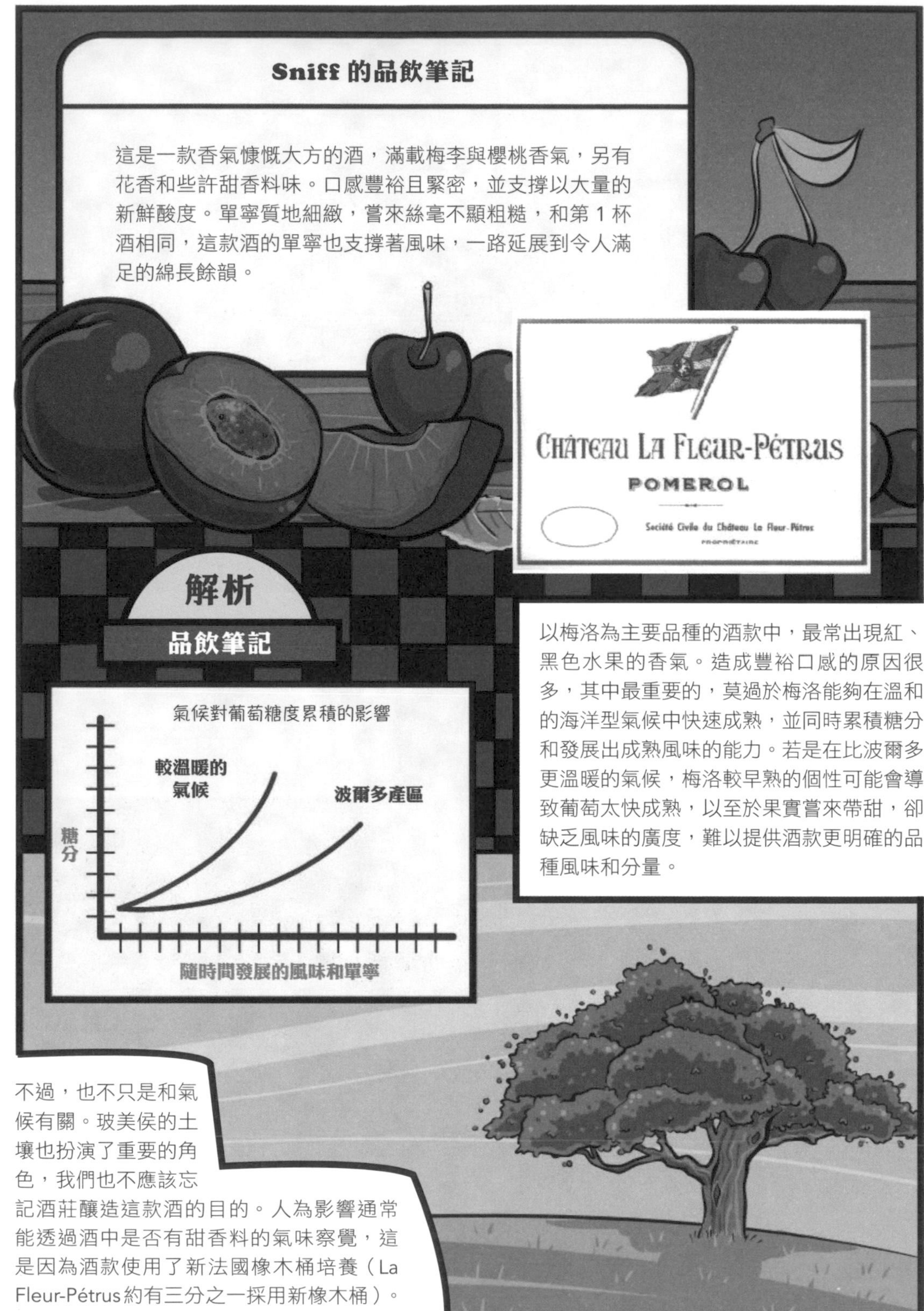
Sniff 的品飲筆記
這是一款香氣慷慨大方的酒，滿載梅李與櫻桃香氣，另有花香和些許甜香料味。口感豐裕且緊密，並支撐以大量的新鮮酸度。單寧質地細緻，嘗來絲毫不顯粗糙，和第 1 杯酒相同，這款酒的單寧也支撐著風味，一路延展到令人滿足的綿長餘韻。
CHÂTEAU LA FLEUR-PÉTRUS
POMEROL
Société Civile du Château La Fleur-Pétrus
解析
品飲筆記
氣候對葡萄糖度累積的影響
較溫暖的氣候
波爾多產區
糖分
隨時間發展的風味和單寧
以梅洛為主要品種的酒款中，最常出現紅、黑色水果的香氣。造成豐裕口感的原因很多，其中最重要的，莫過於梅洛能夠在溫和的海洋型氣候中快速成熟，並同時累積糖分和發展出成熟風味的能力。若是在比波爾多更溫暖的氣候，梅洛較早熟的個性可能會導致葡萄太快成熟，以至於果實嘗來帶甜，卻缺乏風味的廣度，難以提供酒款更明確的品種風味和分量。
不過，也不只是和氣候有關。玻美侯的土壤也扮演了重要的角色，我們也不應該忘記酒莊釀造這款酒的目的。人為影響通常能透過酒中是否有甜香料的氣味察覺，這是因為酒款使用了新法國橡木桶培養（La Fleur-Pétrus約有三分之一採用新橡木桶）。

酒中果味的濃郁程度，以及在口中明顯的緊緻風味與酒體，都是釀酒人的「選擇」。在可能範圍內降低果實的數量，有助於葡萄樹集中精力結出產率較低的高品質葡萄。如同所有會結果的植物般，酒農可以利用剪枝來「降低」果實數量。2012 年的玻美侯整體產率降低至每公頃 2,200 公升，即每公頃將近 3,000 瓶的產量。雖然光看產率，不足以作為評斷品質的標準，我們倒是可以對照一下，玻美侯的法定最高產率其實為每公頃 4,200 公升。

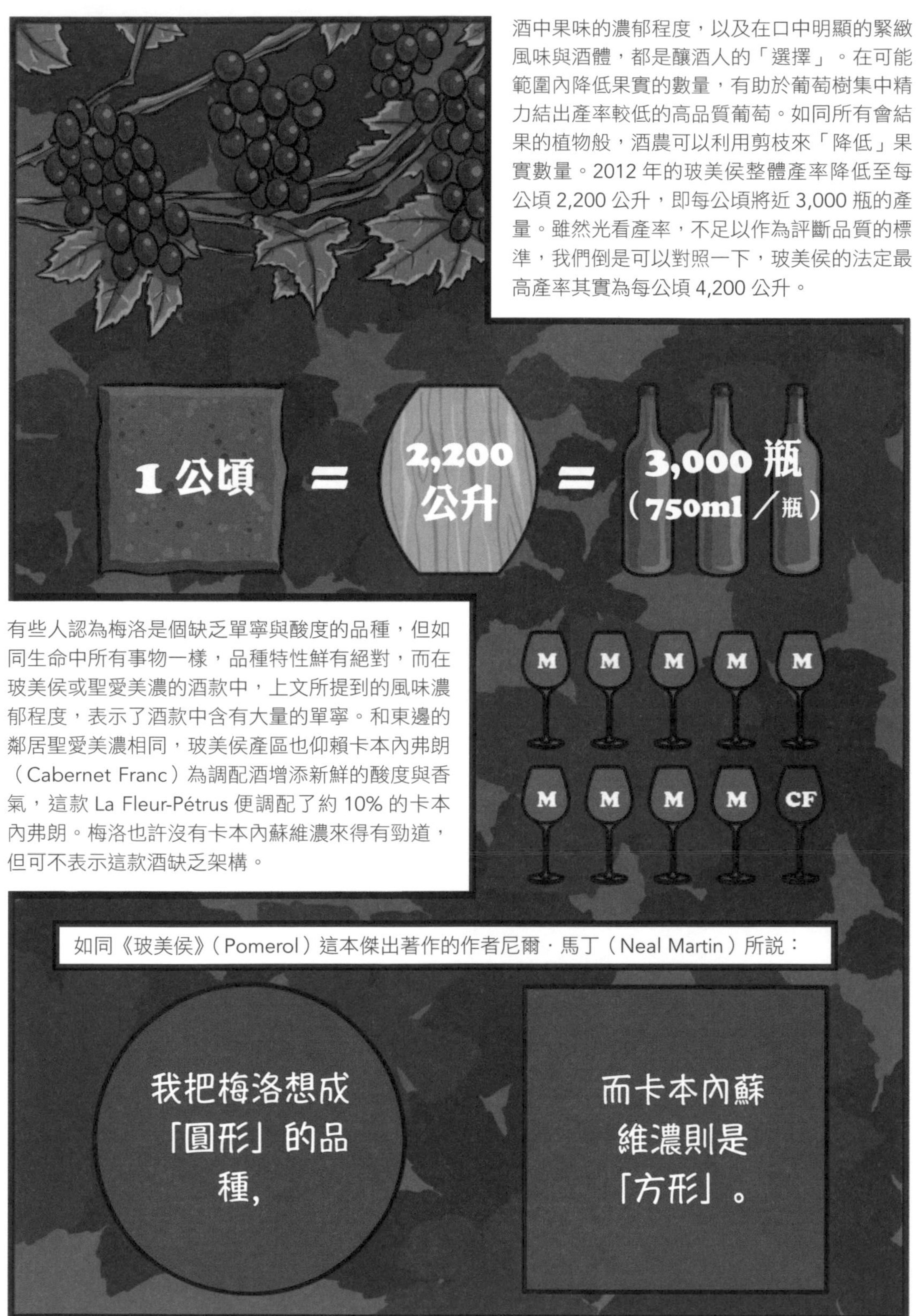

1 公頃
=
2,200
公升
=
3,000 瓶
（750ml ／瓶）
M
M
M
M
M
M
M
M
M
CF
我把梅洛想成「圓形」的品種,
而卡本內蘇維濃則是「方形」。

有些人認為梅洛是個缺乏單寧與酸度的品種，但如同生命中所有事物一樣，品種特性鮮有絕對，而在玻美侯或聖愛美濃的酒款中，上文所提到的風味濃郁程度，表示了酒款中含有大量的單寧。和東邊的鄰居聖愛美濃相同，玻美侯產區也仰賴卡本內弗朗（Cabernet Franc）為調配酒增添新鮮的酸度與香氣，這款 La Fleur-Pétrus 便調配了約 10% 的卡本內弗朗。梅洛也許沒有卡本內蘇維濃來得有勁道，但可不表示這款酒缺乏架構。

如同《玻美侯》（Pomerol）這本傑出著作的作者尼爾．馬丁（Neal Martin）所說：

L'Eglise Clinet 酒莊
Lafleur 酒莊
Latour a Pomerol 酒莊
La Fleur-Pétrus 酒莊
Trotanoy 酒莊
Pétrus 酒莊
Vieux Chateau Certan 酒莊
Chateau Cheval Blanc 酒莊
La Conseillante 酒莊

高原
玻美侯
聖愛美濃

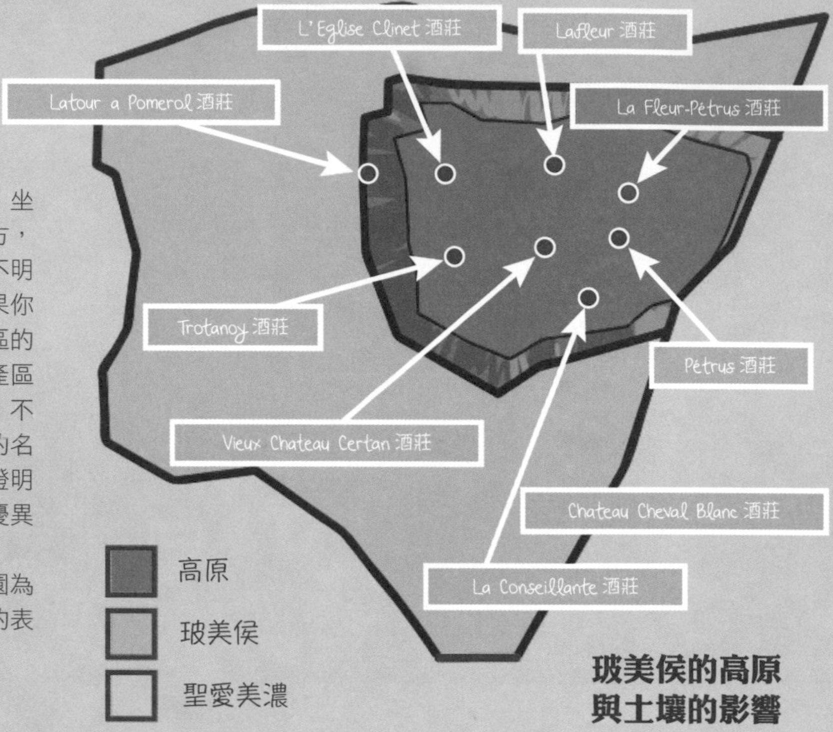

玻美侯的高原與土壤的影響

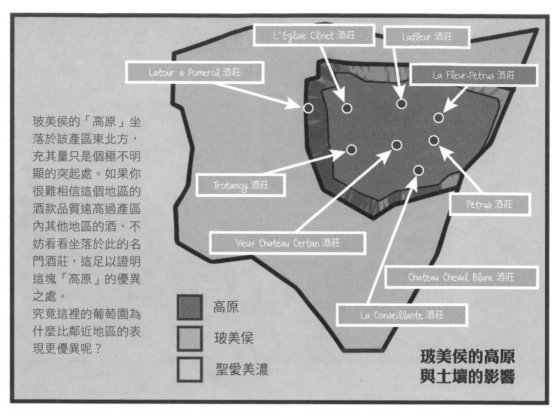

玻美侯的「高原」坐落於該產區東北方，充其量只是個極不明顯的突起處。如果你很難相信這個地區的酒款品質遠高過產區內其他地區的酒，不妨看看坐落於此的名門酒莊，這足以證明這塊「高原」的優異之處。
究竟這裡的葡萄園為什麼比鄰近地區的表現更優異呢？

最顯而易見的原因，就是我們在第 1 杯討論過的礫石。許多人認為右岸就是黏土，事實上整個波爾多都有黏土土質，只是每個產區裡黏土與地表的距離以及黏土種類有異。玻美侯高原的表土層是排水性佳的礫石土壤，和左岸許多表現最優異的葡萄園相同，但此處的黏土更接近表層，因此有助於樂觀的梅洛生長。不同於梅洛能忍受將腳浸在濕冷多水的黏土中，悲觀的卡本內蘇維濃則需要在宛如羊駝毛般溫暖的土壤裡才會開心，意即乾燥而溫暖的深沉礫石土質。排水性佳且貧瘠的表土有助於控制梅洛的生長力（進而集中葡萄果味），黏土則能夠提供葡萄所需的水分，降低葡萄在夏季時需要面對的缺水壓力。

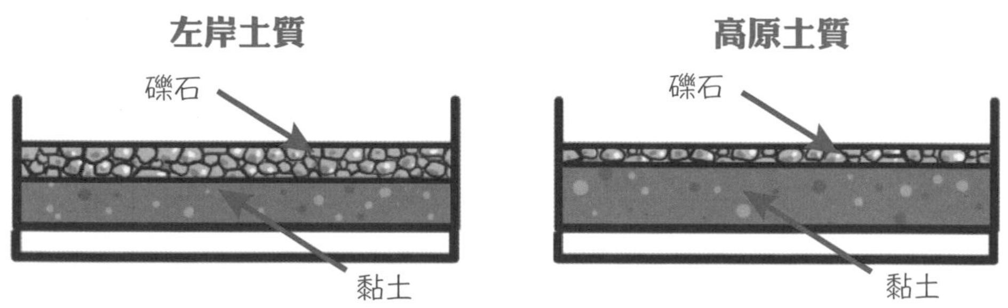
左岸土質
礫石
黏土
高原土質
礫石
黏土

這麼說可能稍嫌簡化了梅洛在該產區的優勢，以及當地優質酒款之所以如此濃郁的成因，但希望這樣解釋有助於讀者初步了解玻美侯的梅洛。你只需要回想一下，每一年在花園中（如果你夠幸運有座花園的話）你最喜歡的灌木或花叢在哪個角落長得最好。和玻美侯產區相同，不同的土壤、朝陽坐向等成因，都會影響植物的生長，無論多麼辛勤地照顧，種在某一些角落的植物就是長不好。你的花園就像是玻美侯的縮影，事實上這也是所有產區的縮影，土壤類型的細微變化、深度、肥沃程度等，對於植物的生長都有巨大的影響；可不是所有土壤都一個樣呢！

Glass
3
左岸白酒 Château Smith Haut Lafitte, Pessac Leognan 2014, €€€€€ +
第3杯酒帶著我們跨過多爾多涅河（Dordogne）與加隆河，從右岸再度回到波爾多左岸，並往南小走一段，來到波爾多城近郊的貝沙克—雷奧良（Pessac Leognan）產區；當地偏北的副產區格拉夫（Graves），正是得名於富含礫石的土壤組成。
GRAND VIN DE GRAVES
CHATEAV
SMITH HAVT LAFITTE
PESSAC-LEOGNAN
MIS EN BOUTEILLE AU CHATEAU
CHATEAV
SMITH HAVT LAFITTE
由於靠近波爾多城，貝沙克北部地塊昂貴，而且許多葡萄園都被都市計畫悄然吞噬。不過，對於知道波爾多不止釀紅酒的人而言，這些葡萄園孕育出的，可是全法國最頂級的一些白酒（還有紅酒）。
波爾多
貝沙克—
雷奧良
Smith Haut
Lafitte 酒莊

此地主要白葡萄品種是撲香好鬥的白蘇維濃（Sauvignon Blanc）。不同於羅亞爾河（Loire）或紐西蘭馬爾堡（Marlborough）偏冷的氣候，這裡的白蘇維濃由於更成熟，酒款香氣較為內斂，草本氣息也不如前述兩個產區來得明顯。榭密庸（Semillon）在這裡負責為酒款帶來近乎蠟一般的質地，當地也有酒莊習慣在調配酒中添加多香的灰蘇維濃（Sauvignon Gris），以增加酒款香氣的層次感。

Sniff的品飲筆記
個性鮮明，幾乎帶有異國調性。這款貝沙克白酒讓杯中充滿了香氣，果香豐沛，從檸檬皮、帶核水果的香氣，到香瓜、鳳梨皆有。在果味之上還有些許香草和乳脂調性，令人想到卡士達醬（或是一般人説的英式蛋奶醬）。雖然這款酒酒體偏重，滋味也相當豐富，卻不乏一絲細緻的酸度，足以支撐豐滿的果味，讓酒款不至於嘗來偏甜或帶有疲態，且這酸度與酒中豐富的滋味全都美好地延續到餘韻之中。現在嘗來偏年輕，再過 5 年左右（2020 至 2025 年）應能達到適飲高峰。
解析
品飲筆記
杯中鮮明的果味與香氣從何而來？首先是前文提及的三個品種，其中兩個還是多香品種。Smith Haut Lafitte 酒莊的白酒就是以這三者調配而成。
5% 的榭密庸
90% 的白蘇維濃
5% 的灰蘇維濃
絕大部分的香氣風味正是來自這兩個蘇維濃品種。如果你懷疑區區 5% 的占比能為酒款香氣帶來多少影響，不妨想想烹調時添加的辛香料多寡，以及晚餐赴約前所噴灑的香水量。雖然葡萄汁的揮發程度（與我們能聞到的氣味明顯程度有直接關係）遠不如香奈兒 19 號香水，或印度香料奶茶中的小豆蔻，在調配酒中添加小量其他品種的葡萄汁或葡萄酒，確實能夠戲劇化地改變釀成酒款的香氣。
溫度
白酒
紅酒
發酵過程

如果你納悶，為什麼葡萄酒鮮少聞起來有葡萄味，那是因為葡萄汁已經過發酵，而這個過程會釋放果汁中原本被鎖住的香氣分子。相較於紅酒，白酒通常會以較低的溫度發酵，這是因為釀造紅酒時需要更高溫以助萃取葡萄皮中的顏色和單寧。低溫發酵比較能保留住剛提及的香氣分子，使得白酒通常比許多紅酒更加芳香。

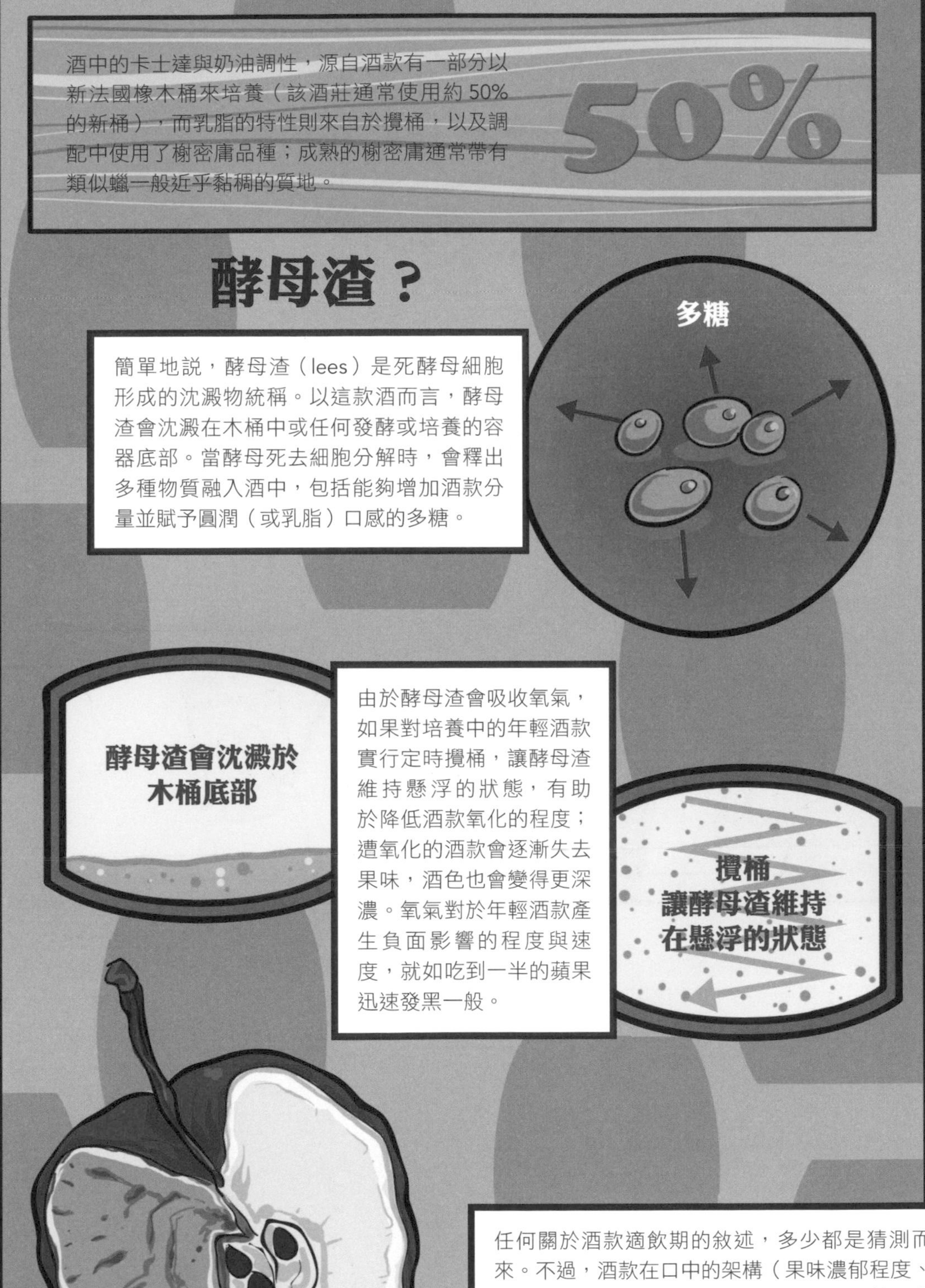
酒中的卡士達與奶油調性，源自酒款有一部分以新法國橡木桶來培養（該酒莊通常使用約 50% 的新桶），而乳脂的特性則來自於攪桶，以及調配中使用了榭密庸品種；成熟的榭密庸通常帶有類似蠟一般近乎黏稠的質地。
50%
酵母渣？
多糖
簡單地說，酵母渣（lees）是死酵母細胞形成的沈澱物統稱。以這款酒而言，酵母渣會沈澱在木桶中或任何發酵或培養的容器底部。當酵母死去細胞分解時，會釋出多種物質融入酒中，包括能夠增加酒款分量並賦予圓潤（或乳脂）口感的多糖。
酵母渣會沈澱於木桶底部
由於酵母渣會吸收氧氣，如果對培養中的年輕酒款實行定時攪桶，讓酵母渣維持懸浮的狀態，有助於降低酒款氧化的程度；遭氧化的酒款會逐漸失去果味，酒色也會變得更深濃。氧氣對於年輕酒款產生負面影響的程度與速度，就如吃到一半的蘋果迅速發黑一般。
攪桶
讓酵母渣維持
在懸浮的狀態

任何關於酒款適飲期的敘述，多少都是猜測而來。不過，酒款在口中的架構（果味濃郁程度、酸度，以及餘韻長短）就算不作為評斷酒款品質的標準，也可以是判斷適飲期的指標。

Glass
4
甜酒 Château Coutet, Barsac 2014, €€€€€
CHATEAU COUTET
PREMIER CRU CLASSÉ
2014
SAUTERNES-BARSAC
14% vol.
APPELLATION BARSAC CONTRÔLÉE
750 ml
MIS EN BOUTEILLE AU CHÂTEAU
SOCIÉTÉ CIVILE DU CHATEAU COUTET-BARSAC (GIRONDE) - FRANCE
PRODUCE OF FRANCE
人類嗜甜的天性大概從進化之初便已存在。
我們的生理構造深知，富含大量糖分的食物能為身體帶來能量，而滿足身體對於糖分的渴望，正是可口可樂等跨國品牌成功的原因。
然而，觀察當今的消費者世代（即嬰兒潮、X世代與千禧世代消費者）所飲用的葡萄酒類型，不難發現我們對於含糖類飲品的慾望似乎遠不如前。
Sniff.
GRANULATED
9V
BATTERY

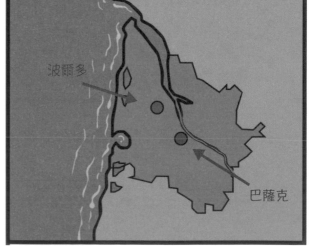

如今釀造的葡萄酒多為干型酒（我很寬鬆地將干型酒定義為嘗來不具有明顯甜味的酒款），這與全球消費者的喜好有關。所幸在如今一片缺糖的荒漠中，還有少數產區釀有甜型酒，足以滿足我們這些在乎甜酒的飲者。如果你納悶為什麼應該在乎，讓我告訴你吧：最好的甜酒能為飲者帶來的享受，遠高於它們通常過於謙遜的價位，而且品嘗甜酒時，只消極少量就能充分體驗到它們豐裕油滑的美妙質地。在全球釀造甜酒的產區中，索甸（Sauternes）與巴薩克（Barsac）的葡萄園可能是最有名的——抱歉了，托凱（Tokaji）。我們接下來要討論的，就是這些葡萄園產出的甜酒。

波爾多

巴薩克

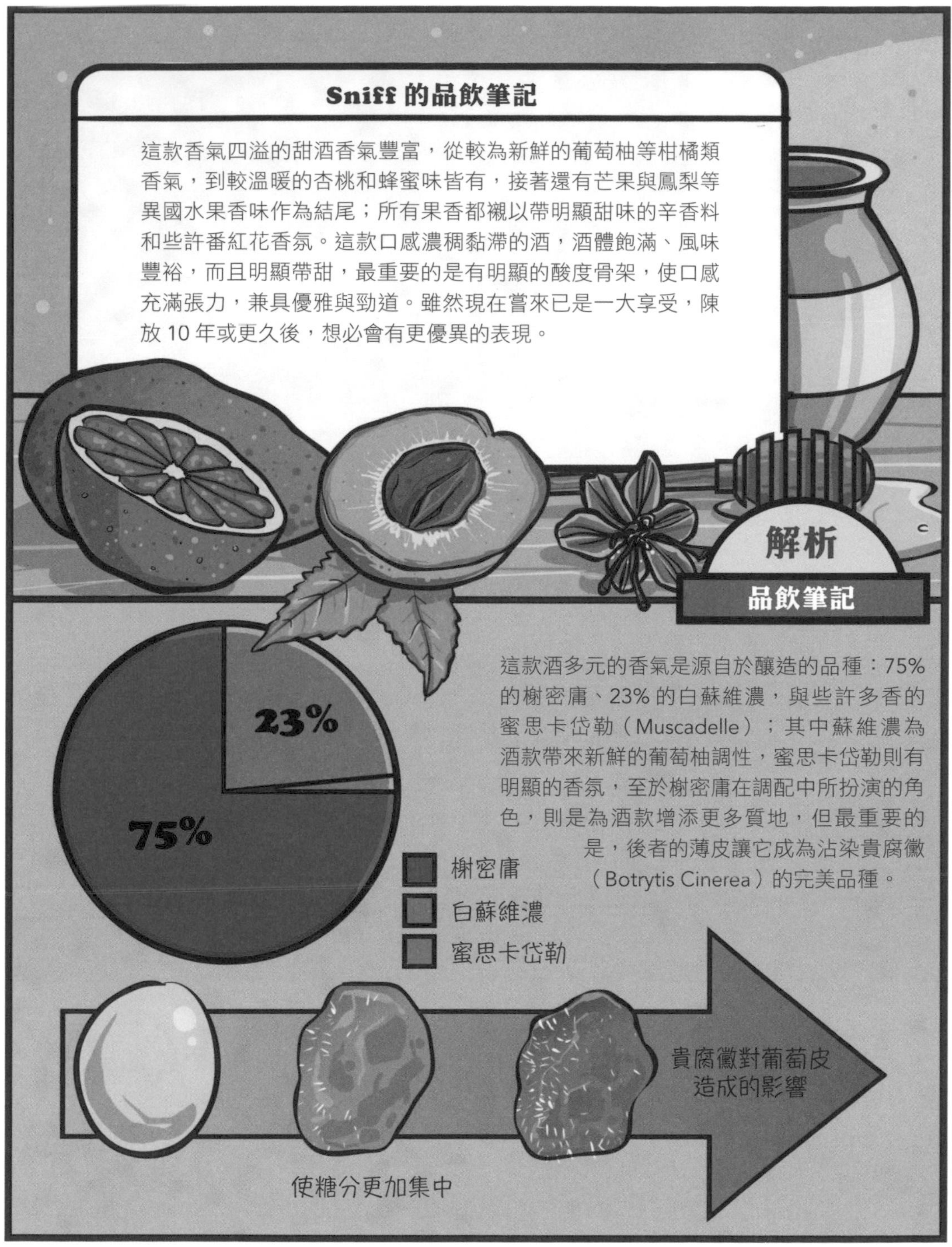
Sniff 的品飲筆記
這款香氣四溢的甜酒香氣豐富，從較為新鮮的葡萄柚等柑橘類香氣，到較溫暖的杏桃和蜂蜜味皆有，接著還有芒果與鳳梨等異國水果香味作為結尾；所有果香都襯以帶明顯甜味的辛香料和些許番紅花香氛。這款口感濃稠黏滯的酒，酒體飽滿、風味豐裕，而且明顯帶甜，最重要的是有明顯的酸度骨架，使口感充滿張力，兼具優雅與勁道。雖然現在嘗來已是一大享受，陳放 10 年或更久後，想必會有更優異的表現。
解析
品飲筆記
這款酒多元的香氣是源自於釀造的品種：75% 的榭密庸、23% 的白蘇維濃，與些許多香的蜜思卡岱勒（Muscadelle）；其中蘇維濃為酒款帶來新鮮的葡萄柚調性，蜜思卡岱勒則有明顯的香氛，至於榭密庸在調配中所扮演的角色，則是為酒款增添更多質地，但最重要的是，後者的薄皮讓它成為沾染貴腐黴（Botrytis Cinerea）的完美品種。
23%
75%
榭密庸
白蘇維濃
蜜思卡岱勒
貴腐黴對葡萄皮造成的影響
使糖分更加集中

那些帶有蜂蜜味的杏桃、熱帶果香與番紅花香氣，全是貴腐甜酒的特性，就如同酒款濃香的甜味與濃稠黏滯的質地一般明顯。葡萄一旦遭受貴腐黴攻擊，黴菌便會穿透葡萄皮，消耗葡萄內的糖分，緩慢地讓每一粒果實脫水。雖然黴菌會消耗果實內的糖分，葡萄的蒸發速度卻更快，導致糖分終究還是會嘗來更加濃郁。

要釀成偉大的甜酒，採收工需要在葡萄園內多次來回巡視採收（法文稱為「tries」），這是因為黴菌的發展鮮少同步（試想冰箱裡的發黴起司，是不是一處發黴，另一處卻似乎完好無缺），釀酒者在葡萄園中來回巡視的次數愈多，愈有機會採收到染上大量貴腐黴的果實，釀成的酒也因此會有更濃郁的貴腐黴調性。

2014 年，Château Coutet 的採收團隊在葡萄園中來回巡視採收了 7 次之多，整個採收期長達 6 週——從 9 月最後一週到 11 月的第一週。我們在口中所感受到的濃稠黏滯質地，正是來自於黴菌集中了葡萄風味與糖分的成果。至於明顯且細緻的酸度，則較有可能是來自健康高酸的白蘇維濃葡萄，這酸度能夠與沾染上貴腐黴葡萄的濃郁甜度形成平衡；不過，和酒體更為飽滿的鄰近產區索甸甜酒相比，巴薩克產區的酒酸度通常較高。這款酒和前三杯波爾多酒相同，都有明顯的辛香料調性，因為都曾於法國橡木桶中培養。酒莊提高了這款甜酒的全新法國橡木桶使用量達到 50%，培養了 18 個月始裝瓶。

Coutet 酒莊

最後，我在杯中發現的番紅花香氣，同樣也是來自於貴腐黴的影響。貴腐黴與其所食用的葡萄汁之間的作用相當複雜，而貴腐酒的香氣更與一般酒款截然不同，它們偶有土壤香氣，偶有草本香，又有一些會帶著藥味，但不管如何，有貴腐黴的酒款向來魅力十足且令人感到愉悅。

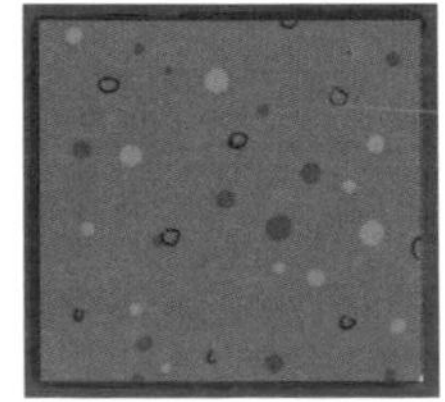

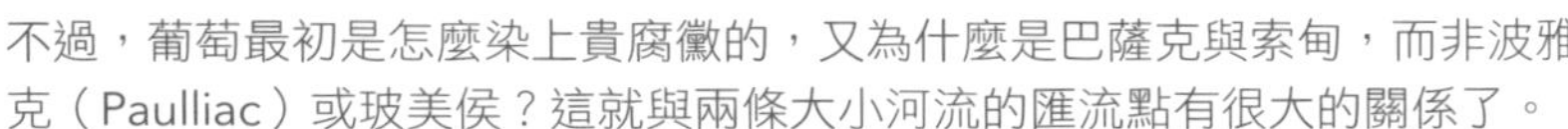
不過，葡萄最初是怎麼染上貴腐黴的，又為什麼是巴薩克與索甸，而非波雅克（Pauillac）或玻美侯？這就與兩條大小河流的匯流點有很大的關係了。

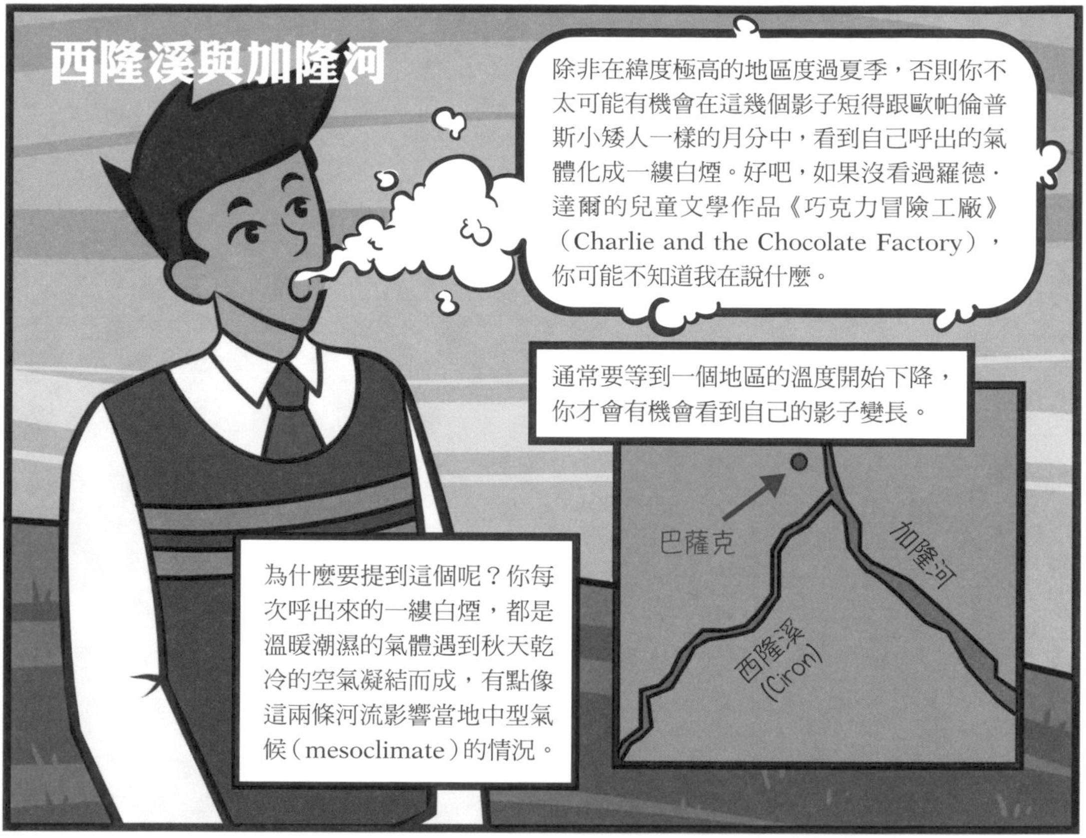

西隆溪與加隆河

除非在緯度極高的地區度過夏季，否則你不太可能有機會在這幾個影子短得跟歐帕倫普斯小矮人一樣的月分中，看到自己呼出的氣體化成一縷白煙。好吧，如果沒看過羅德·達爾的兒童文學作品《巧克力冒險工廠》（Charlie and the Chocolate Factory），你可能不知道我在說什麼。

通常要等到一個地區的溫度開始下降，你才會有機會看到自己的影子變長。

巴薩克

加隆河

西隆溪 (Ciron)

為什麼要提到這個呢？你每次呼出來的一縷白煙，都是溫暖潮濕的氣體遇到秋天乾冷的空氣凝結而成，有點像這兩條河流影響當地中型氣候（mesoclimate）的情況。

巴薩克與索甸產區傍晚形成的霧氣會持續整晚，導致葡萄園濕氣變重，有利貴腐黴的滋生。

所幸到了早晨，陽光又會將霧氣「照散」，理想地控制黴菌的生長情況。

如此一來，葡萄受感染的速度會因此減慢，不至於破皮（破皮會更容易引來其他對葡萄帶來負面品質影響的黴菌侵襲），卻會緩慢地縮水、乾燥，進而集中糖分，形成釀造貴腐黴甜酒的完美果粒。

波爾多推薦酒單

以下是一些品質優異的波爾多酒款。由於波爾多產區廣大，難以列出極為詳盡的清單，因此我私心選擇了一些我最愛的佳釀。你可能會發現這份清單中沒有 1855 年分級制度中的一級酒莊，也不見聖愛美濃的一級特等酒莊 A（Premier Grand Cru Classé A）。這是因為，以下酒款大多是，或至少以波爾多的標準而言，較為物超所值的品項，而且如果你荷包夠深，大概不太需要我們的建議。

第 1 杯：左岸紅酒

1. Château Montrose, Dame de Montrose, St.Estèphe €€€€€
2. Château Calon Ségur, St. Estephe €€€€€ +
3. Château Pichon-Lalande, Pauillac €€€€€ +
4. Château Chasse-Spleen, Moulis en Médoc €€€€
5. Château d'Issan, Margaux €€€€€
6. Château Rauzan-Ségla, Margaux €€€€€ +
7. Château Branaire-Ducru, St-Julien €€€€€ +
8. Château Léoville-Poyferré, St-Julien €€€€€ +
9. Château Haut-Bailly, Pessac-Léognan €€€€€ +
10. Château Brown, Pessac-Léognan €€€€€

第 2 杯：右岸紅酒

1. Château Figeac, St-Emilion €€€€€ +
2. Château Grand-Mayne, St-Emilion €€€€€ +
3. Château Canon, St-Emilion €€€€€ +
4. Vieux-Château-Certan, Pomerol €€€€€ +
5. Château La Croix-St-Georges, Pomerol €€€€
6. Château Martinat, Côtes de Bourg €€
7. Château Roc de Cambes, Côtes de Bourg €€€€€
8. Château Rauzan-Despagne, Bordeaux €€
9. Clos Puy Arnaud, Castillon Côtes de Bordeaux €€

第 3 杯：左岸白酒

1. Domaine de Chevalier, Pessac-Léognan €€€€€ +
2. Château de Fieuzal, Pessac-Léognan €€€€
3. Château Latour-Martillac, Pessac-Léognan €€€€
4. Château Larrivet-Haut-Brion, Pessac-Léognan €€€€€ +
5. Château La Louvière, Pessac-Léognan €€€€
6. Château Malartic-Lagravière, Pessac-Léognan €€€€€ +
7. Château Toumilon, Graves €€

第 4 杯：甜酒

1. Château Climens, Barsac €€€€€ +
2. Château Clos Haut-Peyraguey, Sauternes €€€€€
3. Château Doisy-Daëne, Barsac €€€€€ +
4. Château Guiraud, Sauternes €€€€€ +
5. Château Rieussec, Sauternes €€€€€ +
6. Château Lafaurie-Peyraguey, Sauternes €€€€€ +
7. Château du Mont, Ste-Croix-du-Mont (Cuvée Pierre) €€

西南法 Southwest France

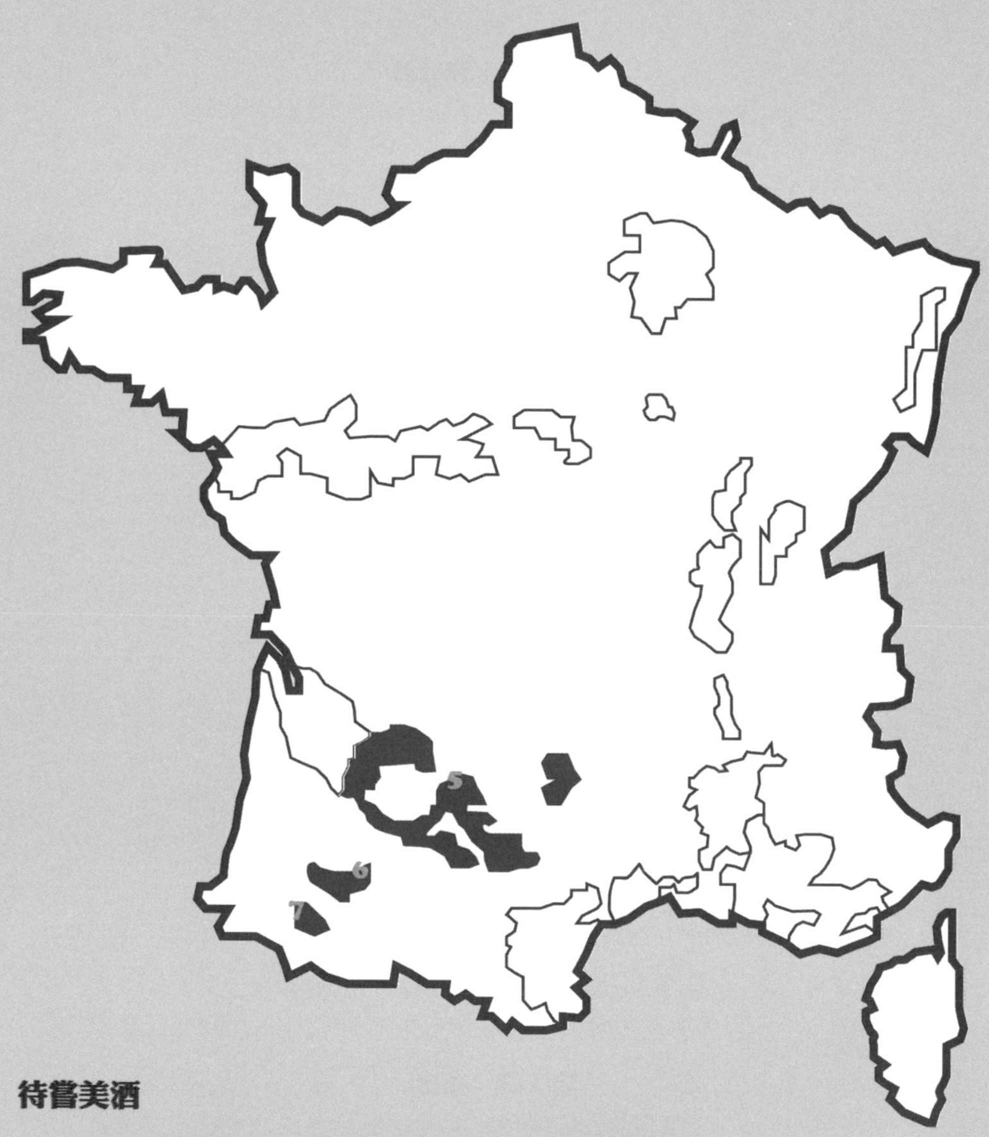
5
6
7

待嘗美酒

5. Château du Cèdre, 'Le Cèdre' , Cahors 2012

6. Château Montus, 'Prestige' , Madiran 2014

7. Uroulat, Moelleux, Jurançon 2014

西南法產區就像是擁有名流父母的孩子一般，長年被籠罩在北邊鄰居的陰影之下，力求擺脫波爾多的影響，在葡萄酒舞台上爭取一席之地。
可想而知，波爾多的許多品種也都種植於這片由多爾多涅河為中心呈扇形開散的產區；這條河是流經這片如明信片般美麗產區的主要河流之一。
卡奧的 Valentré 橋
不過，我們接下來要討論的，並不是那些主要種植於玻美侯、波雅克、貝沙克—雷奧良或索甸產區的品種，而是源自於西南法的在地品種，且是最能夠代表這片美麗鄉間景致的原生品種。
我們首先從當地最知名的品種，以及最有可能是其出生地的產區開始：馬爾貝克（Malbec）和卡奧（Cahors）。
波爾多
卡奧

Glass

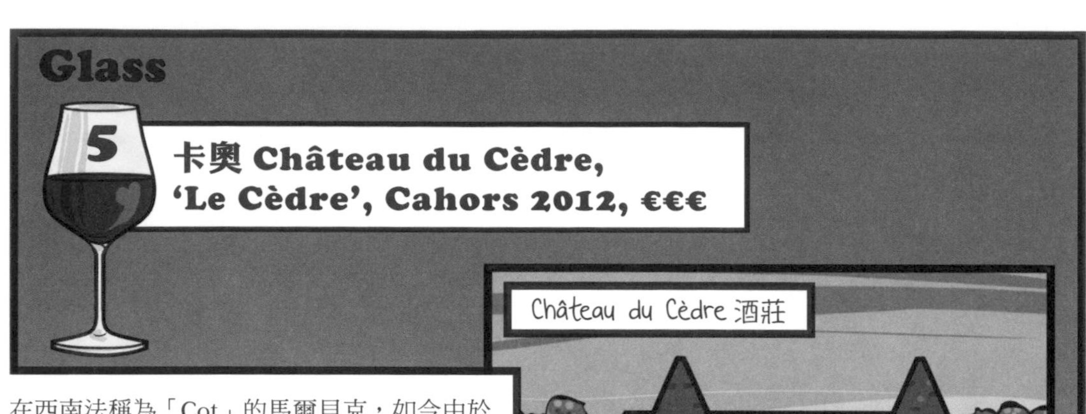
5
Château du Cèdre 酒莊

卡奧 Château du Cèdre, 'Le Cèdre', Cahors 2012, €€€

在西南法稱為「Cot」的馬爾貝克，如今由於在阿根廷門多薩（Mendoza）產區表現優異而聲名大噪，在葡萄酒版圖中占有愈漸重要的地位。當地溫暖的氣候與大量的日照時數，讓馬爾貝克化身成帶有豐富果香且極親民的品種，釀成的酒款質地如絲，能為偏好精鍊純淨酒款的消費者帶來立即的享受。

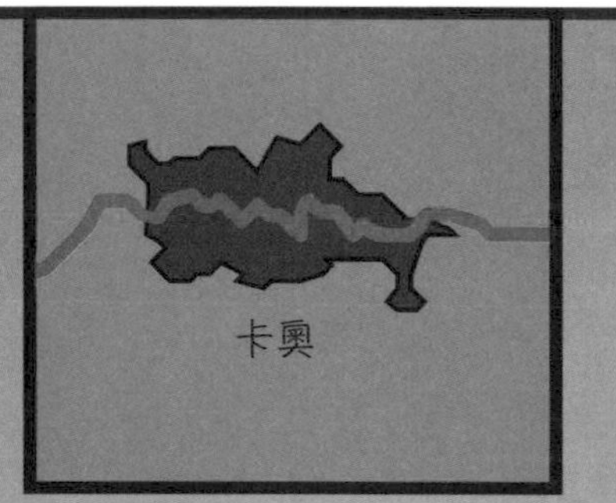
卡奧

相較之下，卡奧的馬爾貝克則是個性迥異的猛獸，雖然該品種特有的深色莓果滋味與紫羅蘭花香，在赤道另一端表現最優異的酒款之中同樣見得到，但被流經當地 Lot 河一分為二的卡奧產區端出的馬爾貝克，較少門多薩馬爾貝克柔順如絲的質地，倒是多了些法式灰暗低吼的勁道，讓卡奧的酒款明顯不如門多薩來得討喜。然而假以時日，年輕卡奧那股難以馴服的天性終會柔化成為令人滿足的美酒，展現出兼具魅力與雄性勁道的特性。

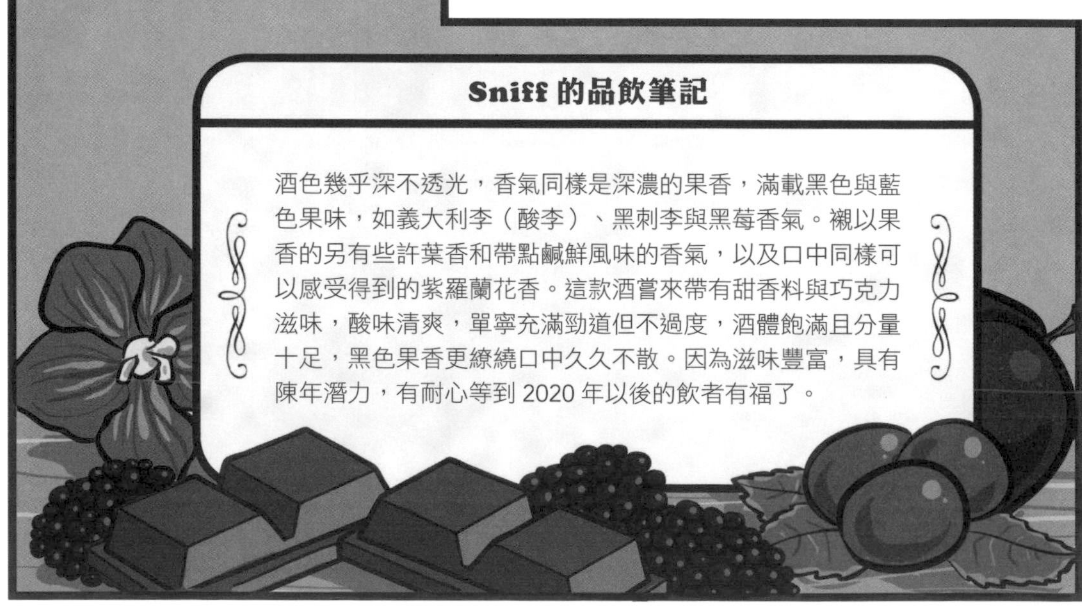

Sniff 的品飲筆記

酒色幾乎深不透光，香氣同樣是深濃的果香，滿載黑色與藍色果味，如義大利李（酸李）、黑刺李與黑莓香氣。襯以果香的另有些許葉香和帶點鹹鮮風味的香氣，以及口中同樣可以感受得到的紫羅蘭花香。這款酒嘗來帶有甜香料與巧克力滋味，酸味清爽，單寧充滿勁道但不過度，酒體飽滿且分量十足，黑色果香更繚繞口中久久不散。因為滋味豐富，具有陳年潛力，有耐心等到 2020 年以後的飲者有福了。

葡萄酒的顏色常容易誤導人；特別是如果你覺得深沉的酒色等同於大量萃取且風味濃郁的個性的話。不過，這款酒確實是風味既濃郁、萃取又濃重的作品，這是因為 Château du Cèdre 酒莊偏好發酵後長時間浸漬，釀成酒款自然如杯中這般色深濃郁。

解析

品飲筆記

但酒色與萃取或風味有什麼關係？這麼說吧，酒精發酵結束後（絕大多數的酒精發酵通常歷時約 1 至 2 週），留在酒中的葡萄皮就像是強大的溶劑一般，比葡萄汁本身更能帶出顏色、風味與單寧。酒中的深色果香以及帶有香氛的紫羅蘭調性都足以證明，這是由成熟良好的高品質馬爾貝克葡萄所釀成。我們之前提過，葡萄成熟與否與許多因素有關。

Château du Cèdre

CAHORS

夏季

春季

平均

氣溫

2012 年

2012 年的西南法不但夏季與秋季溫暖，又因春季較冷開花不良，導致產率降低，以至於葡萄樹在生長季期間將所有精力集中於量少的幾串葡萄之上，加上釀酒人延長發酵後的浸漬時間，加強集中酒款風味，終釀成這款帶有深色莓果調性的酒。

除此之外，地理也是影響酒款風格的因素之一。從波爾多南端位於 Arcachon 市的 Dune of Pilat 沙丘步行出發到卡奧的時間，幾乎等同於地中海岸 Agde 城到卡奧的時間。

這表示該產區因位於中間地帶而容易受到兩洋影響。這款酒之所以帶有葉香與些許鹹鮮風味的調性，有一部分是因為受到冷洋大西洋的影響；而溫暖的地中海則有助於酒款發展出深色果味的調性。至於發酵後的延長浸漬，為酒款明顯的單寧架構紮下了基底，而酒中的巧克力與辛香料氣息，則是因為酒款曾於 80% 的全新法國橡木桶中培養了 2 年的時間。

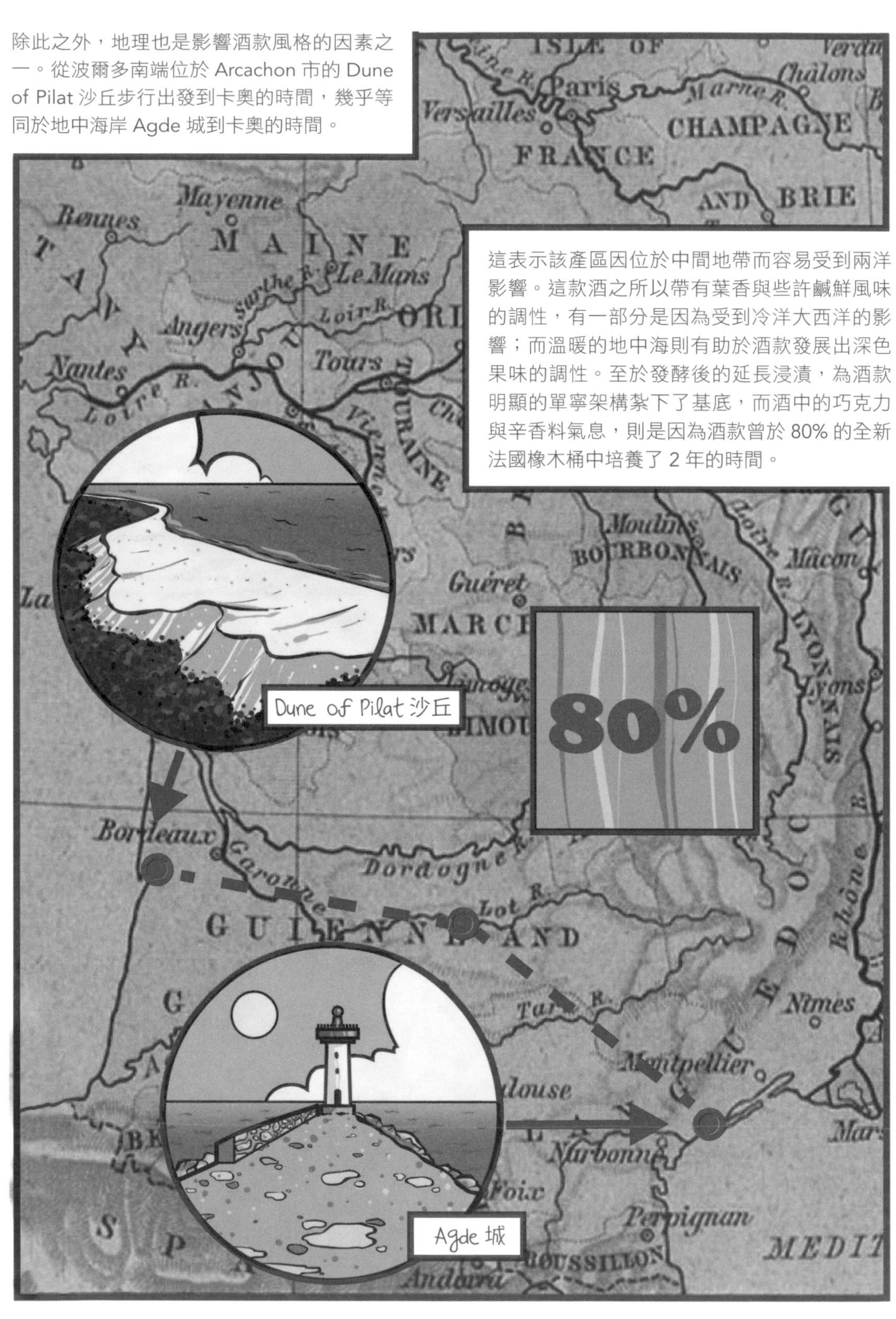
Paris
Versailles
CHAMPAGNE
FRANCE
AND BRIE
Mayenne
Rennes
MAINE
Le Mans
Angers
Tours
Nantes
Guéret
Moulins
BOURBONNAIS
Mâcon
Bordeaux
Dordogne R.
Lot R.
GUIENNE AND
Nîmes
Montpellier
Narbonne
Perpignan
MEDIT
Dune of Pilat 沙丘
80%
Agde 城

Glass

6 馬第宏 Alain Brumont's Château Montus, 'Prestige', Madiran 2014, €€€€

波爾多

土魯斯 (Toulouse)

Château Montus 酒莊

離開卡奧往南品嘗下一杯酒的路上，會經過 Gascony 地區的心臟地帶。這裡的葡萄酒名氣向來不響亮，卻是法國「另一個」偉大白蘭地雅馬邑（Armagnac）的家鄉；有一部分的原因是當地許多原生品種被認為過野而難以馴服，無法獲得「國際」飲者嬌慣的味蕾青睞。

Chateau Montus 酒莊

Montus

MADIRAN

塔那（Tannat）這類品種的單寧通常量多而厚重，以至於酒款年輕時果味常會徹底被單寧覆蓋（即便是很好的酒），品嘗時幾乎遍尋不著果香，然而咬口的單寧會隨著時間拉長而逐漸柔化，雖然依舊量大，但果味卻會逐漸增加而得以浮出檯面。這類酒款通常要搭餐才會展現出最美好的一面，特別是與當地肥美的鴨胸這類料理搭配時，證明它們是非常可口且適切的搭餐酒。

通常我不太願意將某家釀酒業者冠為該產區的「教父」，但曾被安德魯・傑弗（Andrew Jefford）形容為馬第宏（Madiran）「產區明燈」的艾倫・布蒙（Alain Brumont）卻是例外。天生反骨的布蒙在當地也許不是最受歡迎的人物，他的酒卻肯定是讓馬第宏登上世界葡萄酒版圖的催化劑。他的成功更鼓舞了該產區其他業者紛紛端出品質出色的酒款。

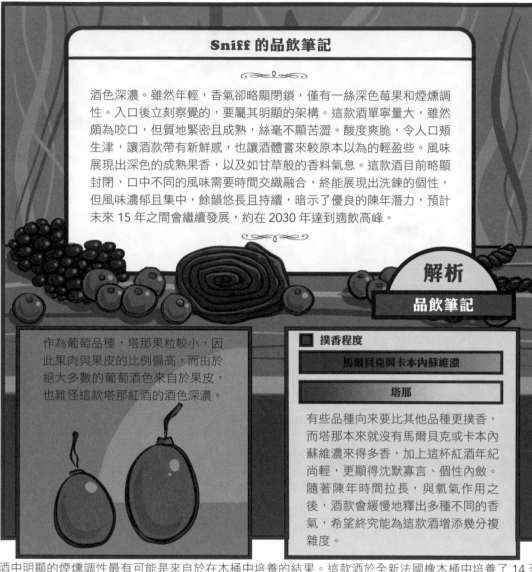

Sniff 的品飲筆記

酒色深濃。雖然年輕，香氣卻略顯閉鎖，僅有一絲深色莓果和煙燻調性。入口後立刻察覺的，要屬其明顯的架構。這款酒單寧量大，雖然頗為咬口，但質地緊密且成熟，絲毫不顯苦澀。酸度爽脆，令人口頰生津，讓酒款帶有新鮮感，也讓酒體嘗來較原本以為的輕盈些。風味展現出深色的成熟果香，以及如甘草般的香料氣息。這款酒目前略顯封閉，口中不同的風味需要時間交織融合，終能展現出洗鍊的個性，但風味濃郁且集中，餘韻悠長且持續，暗示了優良的陳年潛力，預計未來 15 年之間會繼續發展，約在 2030 年達到適飲高峰。

解析

品飲筆記

作為葡萄品種，塔那果粒較小，因此果肉與果皮的比例偏高，而由於絕大多數的葡萄酒色來自於果皮，也難怪這款塔那紅酒的酒色深濃。

撲香程度

馬爾貝克與卡本內蘇維濃

塔那

有些品種向來要比其他品種更撲香，而塔那本來就沒有馬爾貝克或卡本內蘇維濃來得多香，加上這杯紅酒年紀尚輕，更顯得沈默寡言、個性內斂。隨著陳年時間拉長，與氧氣作用之後，酒款會緩慢地釋出多種不同的香氣，希望終究能為這款酒增添幾分複雜度。

酒中明顯的煙燻調性最有可能是來自於在木桶中培養的結果。這款酒於全新法國橡木桶中培養了 14 至 16 個月，這些桶子的烘烤程度（木桶供應商在製作時會烘烤木桶，程度多寡則多半視客戶的偏好而定）有時會導致酒款出現煙燻調性（更深入的解說請見第 144 頁的〈木桶〉），然而我們不能因此斷言，煙燻調性絕對是在烘烤的木桶中培養的結果。

N D J F M A M J J A S O N D J F

繼續品嘗法國其他產區的酒款後，我們將會逐漸發現，有一些酒款即便在木桶中培養的時間不多，或甚至不曾於桶中培養，卻依舊帶有煙燻調性。事實上，有一些品種和土壤也會讓酒款展現出類似特質，北隆河的希哈（Syrah）就是一個很明顯的例子。

讓酒款嘗來比想像中有更新鮮的明顯酸度，既來自於品種，也與氣候有關。和我們在第 3 杯時討論到的白蘇維濃相同，塔那也是一個天生高酸度的品種。只消比較吃青蘋果與紅蘋果時口水分泌的感覺，或是想像柳橙與葡萄柚兩者不同的酸感，就會知道我所形容那股爽脆的酸感為何，因為不同水果會有不同的酸度，正如不同的葡萄品種也會有程度不同的酸度。

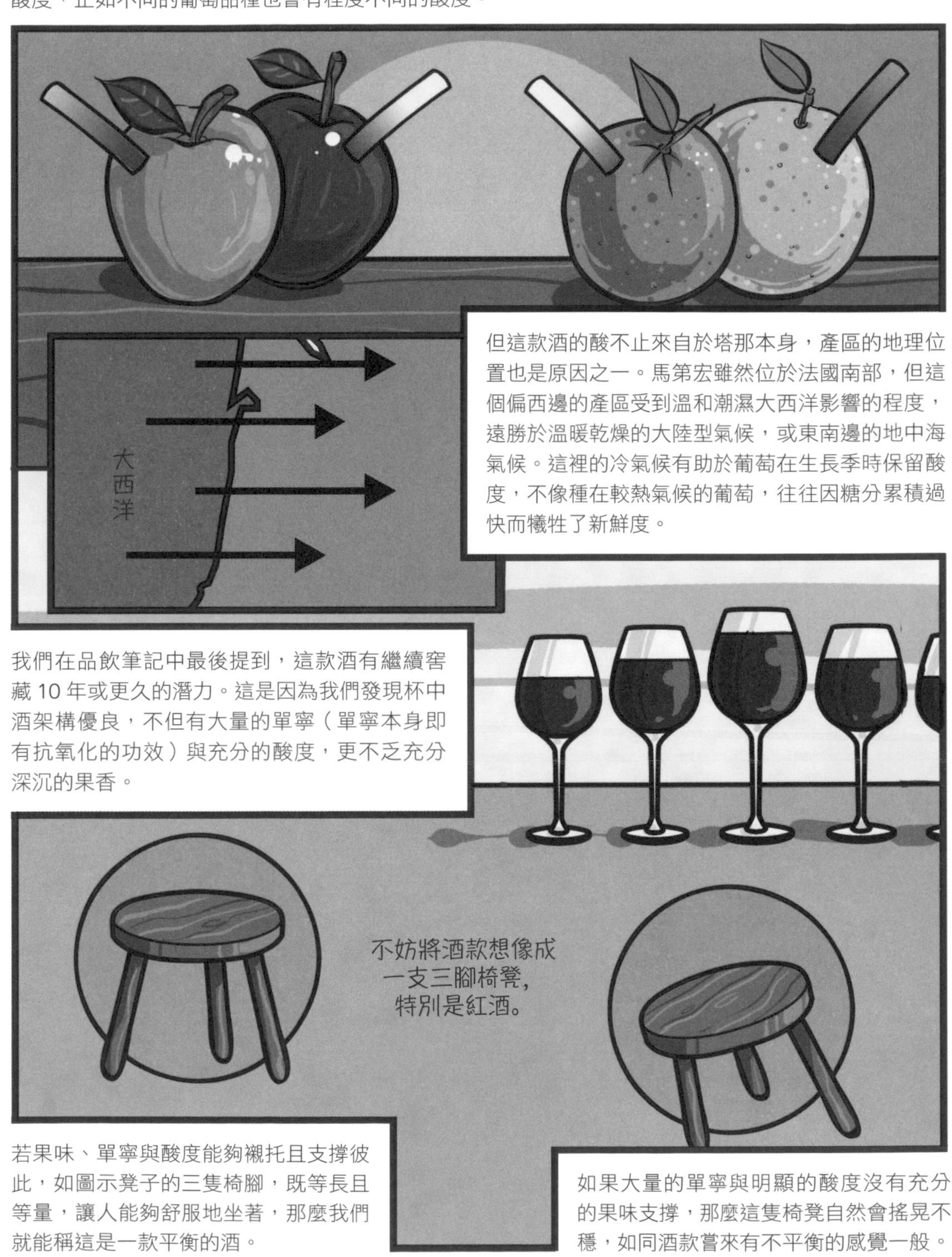

但這款酒的酸不止來自於塔那本身，產區的地理位置也是原因之一。馬第宏雖然位於法國南部，但這個偏西邊的產區受到溫和潮濕大西洋影響的程度，遠勝於溫暖乾燥的大陸型氣候，或東南邊的地中海氣候。這裡的冷氣候有助於葡萄在生長季時保留酸度，不像種在較熱氣候的葡萄，往往因糖分累積過快而犧牲了新鮮度。
大西洋
我們在品飲筆記中最後提到，這款酒有繼續窖藏 10 年或更久的潛力。這是因為我們發現杯中酒架構優良，不但有大量的單寧（單寧本身即有抗氧化的功效）與充分的酸度，更不乏充分深沉的果香。
不妨將酒款想像成一支三腳椅凳，特別是紅酒。
若果味、單寧與酸度能夠襯托且支撐彼此，如圖示凳子的三隻椅腳，既等長且等量，讓人能夠舒服地坐著，那麼我們就能稱這是一款平衡的酒。
如果大量的單寧與明顯的酸度沒有充分的果味支撐，那麼這隻椅凳自然會搖晃不穩，如同酒款嘗來有不平衡的感覺一般。

Glass

7 居宏頌甜酒 Charles Hours, Uroulat, Moelleux, Jurançon 2014, €€

從馬第宏的葡萄園繼續往南，會發現去 Pau 的路上出現了愈來愈多自行車騎士，暗示我們正朝山區邁進。

Pau 常作為環法自行車賽的分段起點之一，因此總是湧入了來自世界各地有點被虐狂的騎士們，身著萊卡纖維服，躍躍欲試地挑戰全球最具象徵意義的單車爬坡路線之一。

這裡最有名的 Col du Tourmalet 山口，就位於一條鐵肺自行車路線上，是我們要品嘗第 7 杯酒的產區——居宏頌（Jurançon）。

正如同產區名稱庇里牛斯—大西洋省（Pyrenees-Atlantiques）所示，這裡的氣候同時受到庇里牛斯山與大西洋所影響；不過當地的降雨量倒是和波爾多有些類似，可能是因為兩地都深受大西洋影響所致。

法國
居宏頌
西班牙
與其簡單地稱呼甜酒為甜酒，法國人慣用一連串令人費解的詞彙，來形容杯中甜酒醇熟甜美的程度。

這款甜酒被形容為「Moelleux」，這詞在法文中並沒有任何法定甜度意義，純粹是形容酒款豐裕的程度與質地，嘗來宛如骨髓（marrow）般綿密。試過將小牛肉脛骨肥美誘人的骨髓抹在吐司上享用的人，不難想像這兩者的相似之處，以及 Moelleux 酒款豐裕且均衡的質地和魅力。
但和人一樣，有些酒款雖然豐裕肥美，卻能展現出沈著高雅甚至是輕快的特性；也有一些酒酒體同樣肥碩，卻顯得極不均衡而笨重，宛如亟需接受胃束帶手術一般。所幸，我們要品嘗的第 7 杯酒是前者。
Uroulat
JURANÇON
www.uroulat.com
Sniff 的品飲筆記
品嘗這杯甜美濃郁的酒款，第一個想到的形容詞莫過於「成熟」；成熟與溫暖。香氣與口感滿載芒果、杏桃、葡萄柚與卡士達醬，另有些許蜂蜜調性，但口中又有足以支撐這多種風味的怡人酸度，確保酒款即便肥美可口，但仍舊沈著鎮定。酒體中等，果味濃郁，嘗來雖然不特別複雜，但這感性的酒款餘韻卻極長，即便最後一滴已吞入喉，滋味依舊在口中繚繞許久。

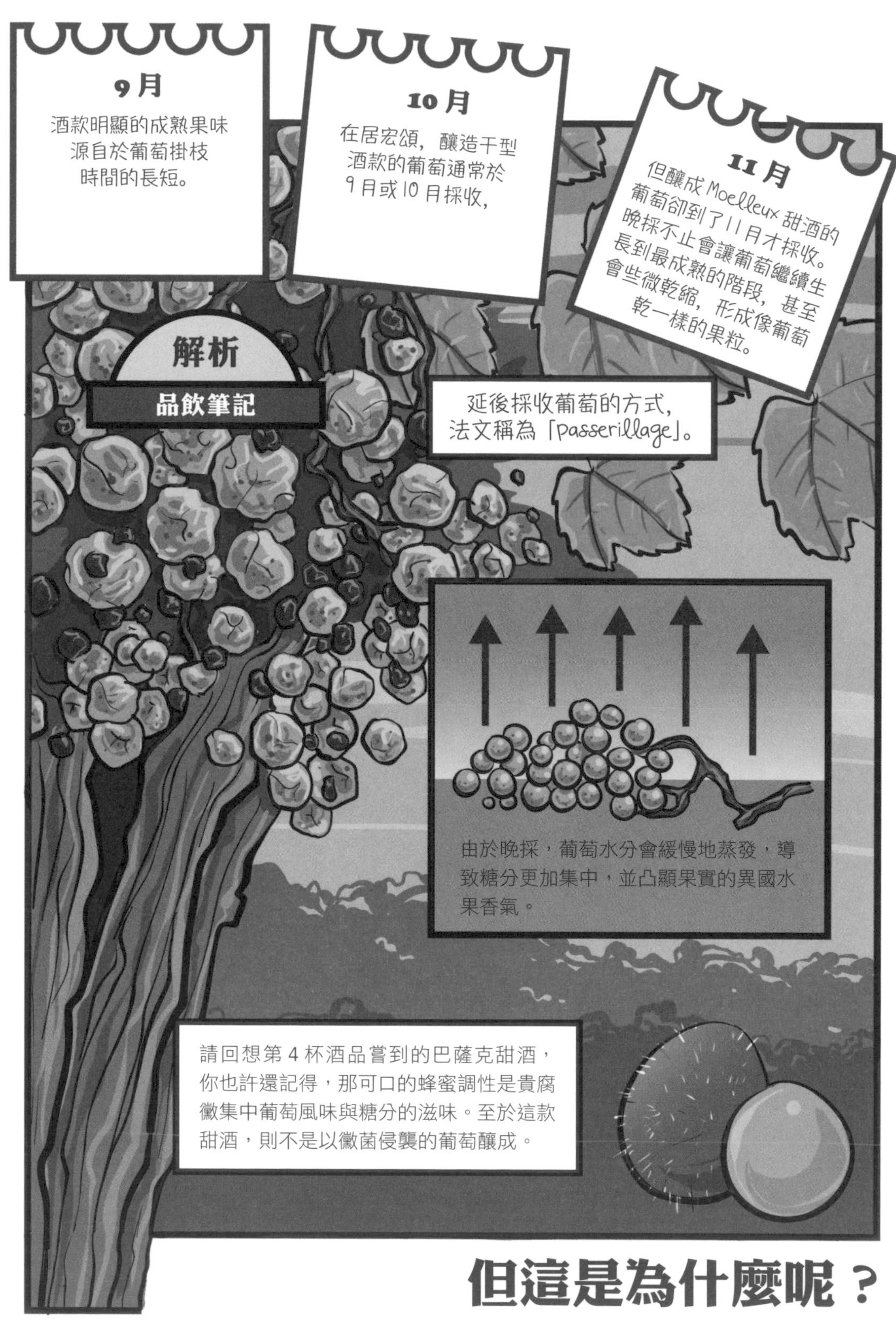

9月
酒款明顯的成熟果味
源自於葡萄掛枝
時間的長短。
10月
在居宏頌，釀造干型
酒款的葡萄通常於
9月或10月採收，
11月
但釀成 Moelleux 甜酒的
葡萄卻到了11月才採收。
晚採不止會讓葡萄繼續生
長到最成熟的階段，甚至
會些微乾縮，形成像葡萄
乾一樣的果粒。
解析
品飲筆記
延後採收葡萄的方式，
法文稱為「passerillage」。
由於晚採，葡萄水分會緩慢地蒸發，導
致糖分更加集中，並凸顯果實的異國水
果香氣。
請回想第 4 杯酒品嘗到的巴薩克甜酒，
你也許還記得，那可口的蜂蜜調性是貴腐
黴集中葡萄風味與糖分的滋味。至於這款
甜酒，則不是以黴菌侵襲的葡萄釀成。
但這是為什麼呢？

因為居宏頌缺乏波爾多產區助長貴腐黴滋生的晨霧。這裡的氣候可能近似波爾多，但直接影響索甸與巴薩克中型氣候的特質，卻沒有出現在居宏頌產區。

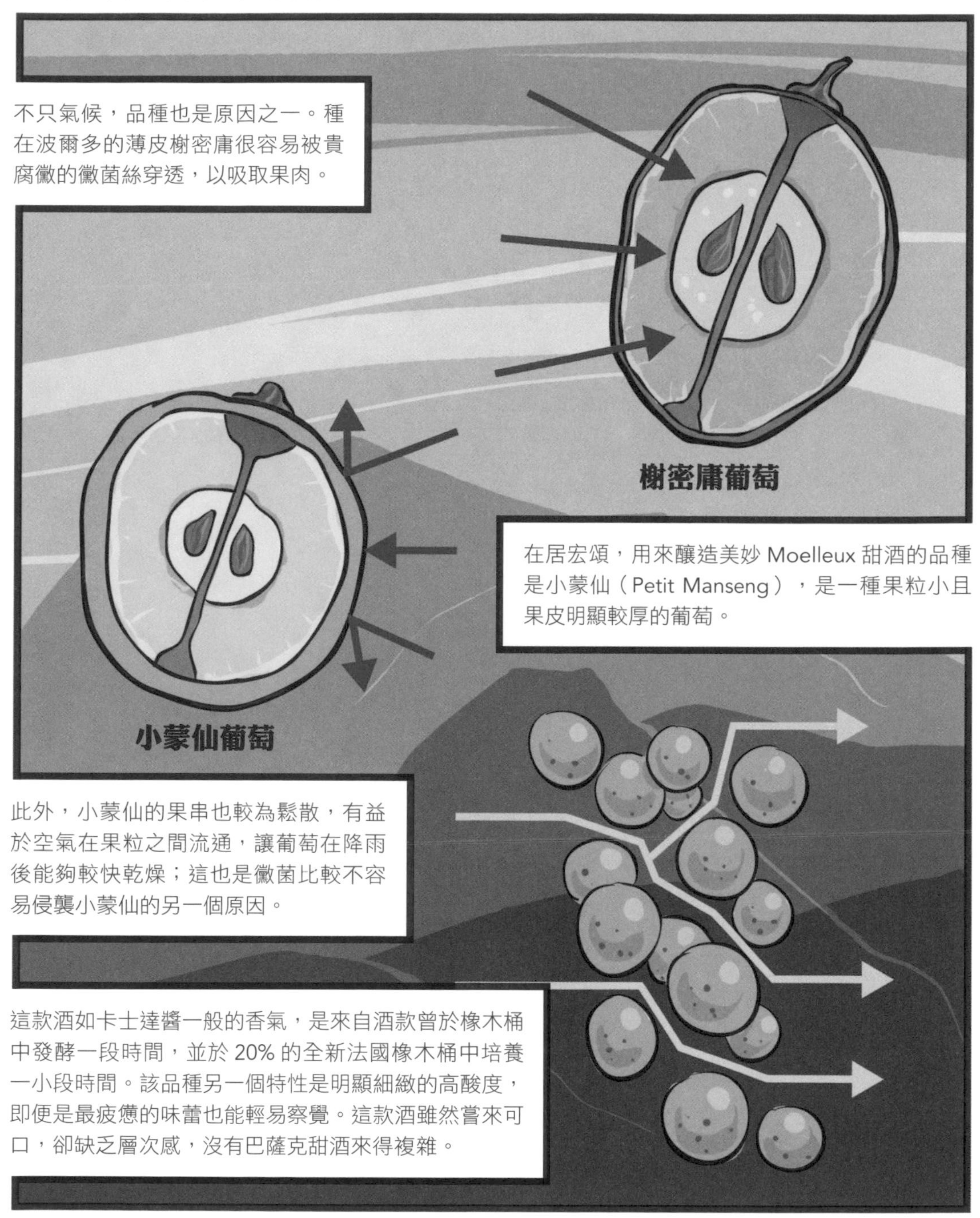
不只氣候，品種也是原因之一。種在波爾多的薄皮榭密庸很容易被貴腐黴的黴菌絲穿透，以吸取果肉。
榭密庸葡萄
在居宏頌，用來釀造美妙 Moelleux 甜酒的品種是小蒙仙（Petit Manseng），是一種果粒小且果皮明顯較厚的葡萄。
小蒙仙葡萄
此外，小蒙仙的果串也較為鬆散，有益於空氣在果粒之間流通，讓葡萄在降雨後能夠較快乾燥；這也是黴菌比較不容易侵襲小蒙仙的另一個原因。
這款酒如卡士達醬一般的香氣，是來自酒款曾於橡木桶中發酵一段時間，並於 20% 的全新法國橡木桶中培養一小段時間。該品種另一個特性是明顯細緻的高酸度，即便是最疲憊的味蕾也能輕易察覺。這款酒雖然嘗來可口，卻缺乏層次感，沒有巴薩克甜酒來得複雜。

這並不代表這款酒品質欠佳，只是晚摘葡萄酒的香氣通常沒有貴腐黴葡萄酒來得多元。不過，前者酒款通常價位較低，如果你需要理由來嘗試西南法美好的金黃甜酒，這無疑是個誘因。

西南法推薦酒單

第 5 杯：卡奧

1. Prieuré de Cenac €€
2. Château Pineraie 'l'Authentique' €€
3. Château Eugénie 'Cuvée réservée de l'aïeul' €€
4. Domaine la Bérangeraie 'Cuvée Maurin' €€
5. Clos Triguedina 'Probus' €€€

第 6 杯：馬第宏

1. Domaine Berthoumieu 'Haute Tradition' €€
2. Château Lafitte-Teston 'Vieilles Vignes' €€
3. Clos Saint-Martin €
4. Château de Viella 'Prestige' €€

第 7 杯：居宏頌甜酒

1. Clos Thou 'Suprême de Thou' €€
2. Domaine de Malarrode 'Quintessence' €€
3. Camin-Larredya 'Au Capcéu' €€€

技術篇 1
葡萄園之中：樹冠管理

葡萄園之中：樹冠管理

你可會感到納悶，葡萄樹長怎麼樣與我何干，酒農決定如何為葡萄樹塑形、引枝或剪枝又有什麼重要？是這樣的，既然這是一本實用的酒書，我們希望能為你提供一些身處葡萄園之中或開車行經葡萄園時，可以觀察的重點。

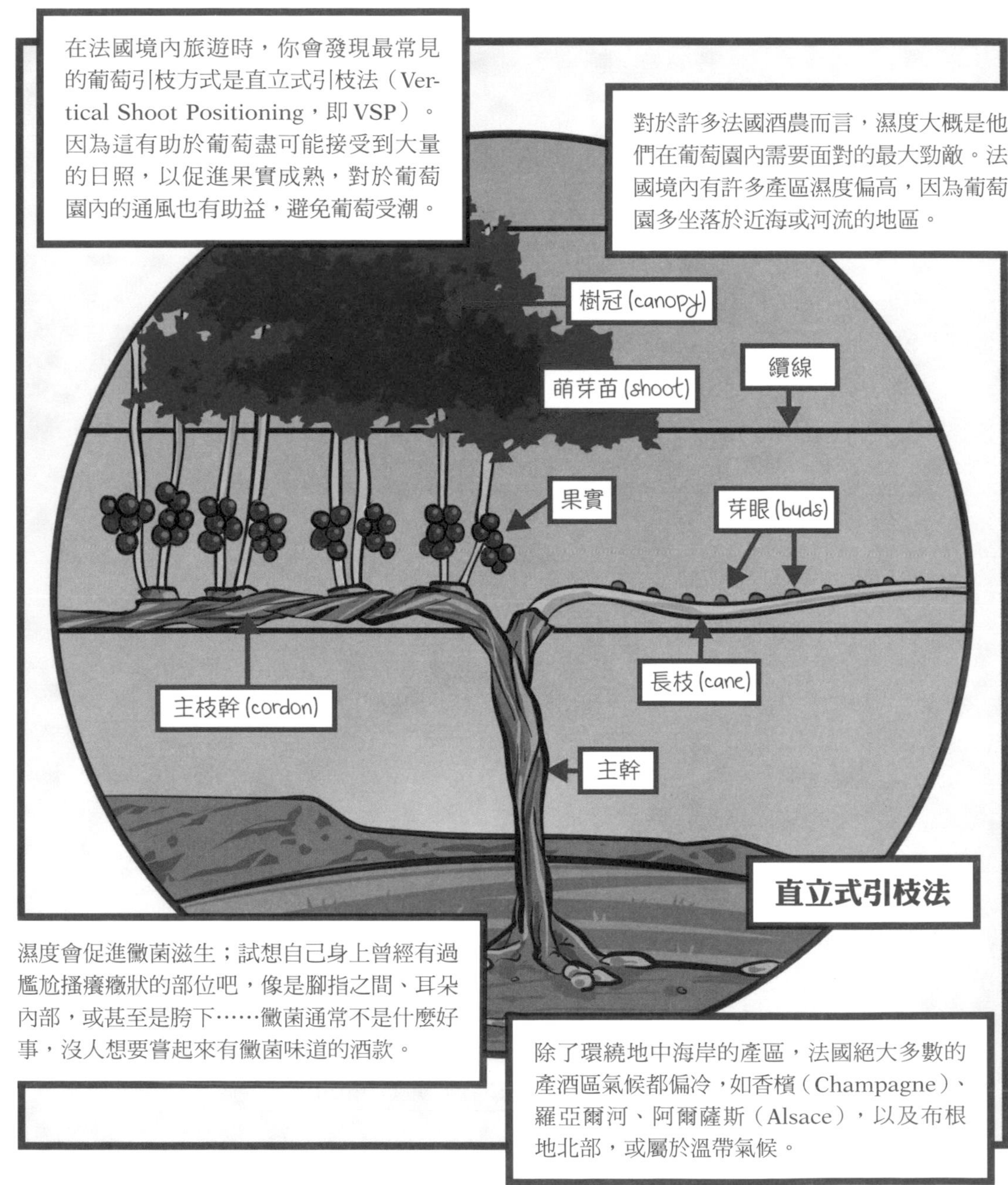
在法國境內旅遊時，你會發現最常見的葡萄引枝方式是直立式引枝法（Vertical Shoot Positioning，即 VSP）。因為這有助於葡萄盡可能接受到大量的日照，以促進果實成熟，對於葡萄園內的通風也有助益，避免葡萄受潮。
對於許多法國酒農而言，濕度大概是他們在葡萄園內需要面對的最大勁敵。法國境內有許多產區濕度偏高，因為葡萄園多坐落於近海或河流的地區。
樹冠 (canopy)
萌芽苗 (shoot)
纜線
果實
芽眼 (buds)
主枝幹 (cordon)
長枝 (cane)
主幹
直立式引枝法
濕度會促進黴菌滋生；試想自己身上曾經有過尷尬搔癢癥狀的部位吧，像是腳指之間、耳朵內部，或甚至是胯下……黴菌通常不是什麼好事，沒人想要嘗起來有黴菌味道的酒款。
除了環繞地中海岸的產區，法國絕大多數的產酒區氣候都偏冷，如香檳（Champagne）、羅亞爾河、阿爾薩斯（Alsace），以及布根地北部，或屬於溫帶氣候。

在這樣的極端氣候下，酒農通常都能獲得想釀成酒款風格所需的果實成熟度。然而如果想種出品質更優良的葡萄，則需要將果串引導到能夠獲得最多日照與熱能的角度，如此不但有助於果實的成熟，更能夠避免葡萄染上黴菌。

葡萄樹的樹冠若發展完全，理想狀態是能從樹的這頭透過樹叢看到另外一頭的人，即便可能無法完全看清楚對方。

這可以很粗略地代表葡萄樹有足夠的空間讓空氣流通，避免累積濕氣，滋生可能會傷害葡萄的黴菌。

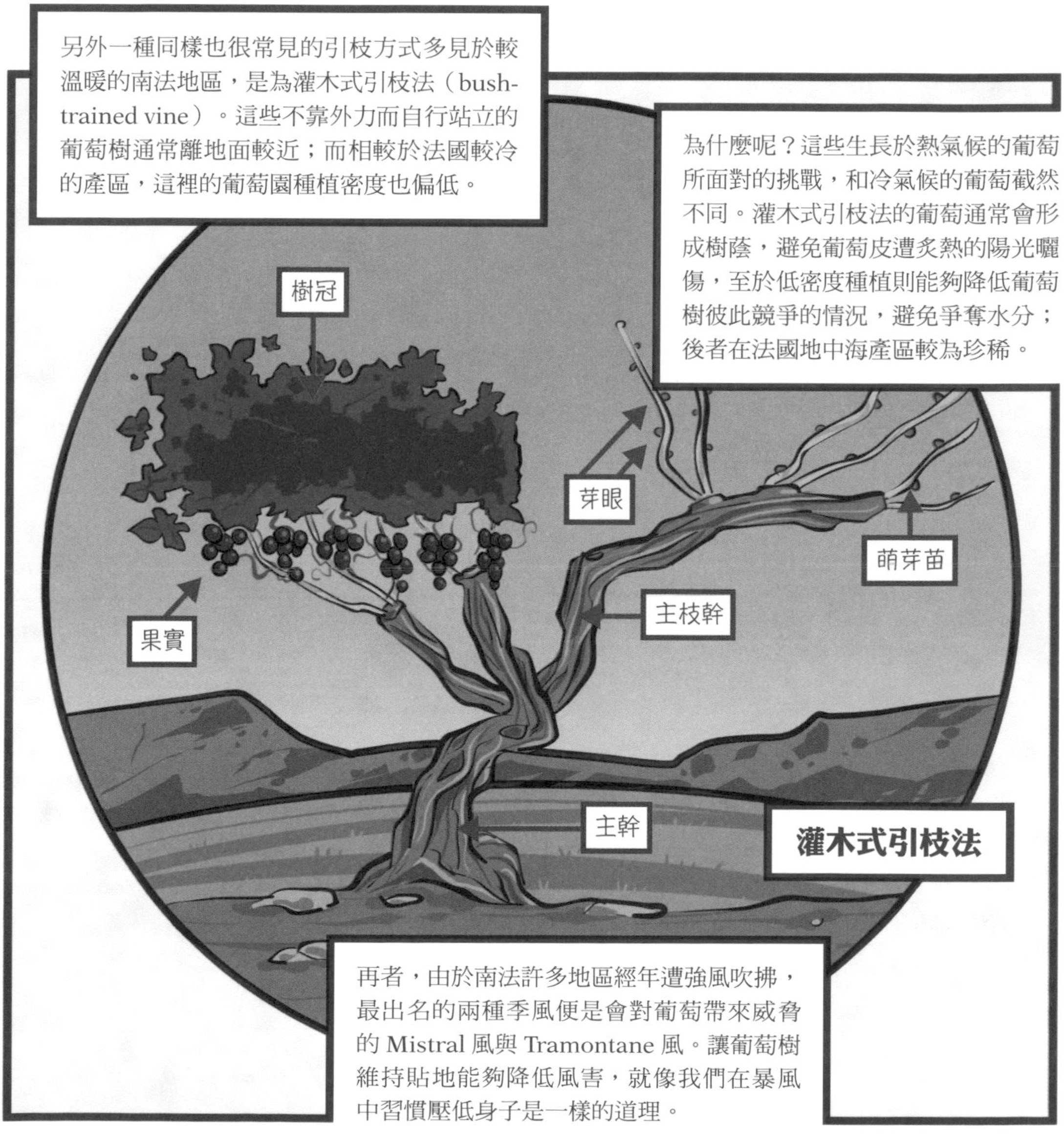

另外一種同樣也很常見的引枝方式多見於較溫暖的南法地區，是為灌木式引枝法（bush-trained vine）。這些不靠外力而自行站立的葡萄樹通常離地面較近；而相較於法國較冷的產區，這裡的葡萄園種植密度也偏低。

為什麼呢？這些生長於熱氣候的葡萄所面對的挑戰，和冷氣候的葡萄截然不同。灌木式引枝法的葡萄通常會形成樹蔭，避免葡萄皮遭炙熱的陽光曬傷，至於低密度種植則能夠降低葡萄樹彼此競爭的情況，避免爭奪水分；後者在法國地中海產區較為珍稀。

樹冠

芽眼

萌芽苗

果實

主枝幹

主幹

灌木式引枝法

再者，由於南法許多地區經年遭強風吹拂，最出名的兩種季風便是會對葡萄帶來威脅的 Mistral 風與 Tramontane 風。讓葡萄樹維持貼地能夠降低風害，就像我們在暴風中習慣壓低身子是一樣的道理。

隆格多克—胡西庸
Languedoc-Roussillon

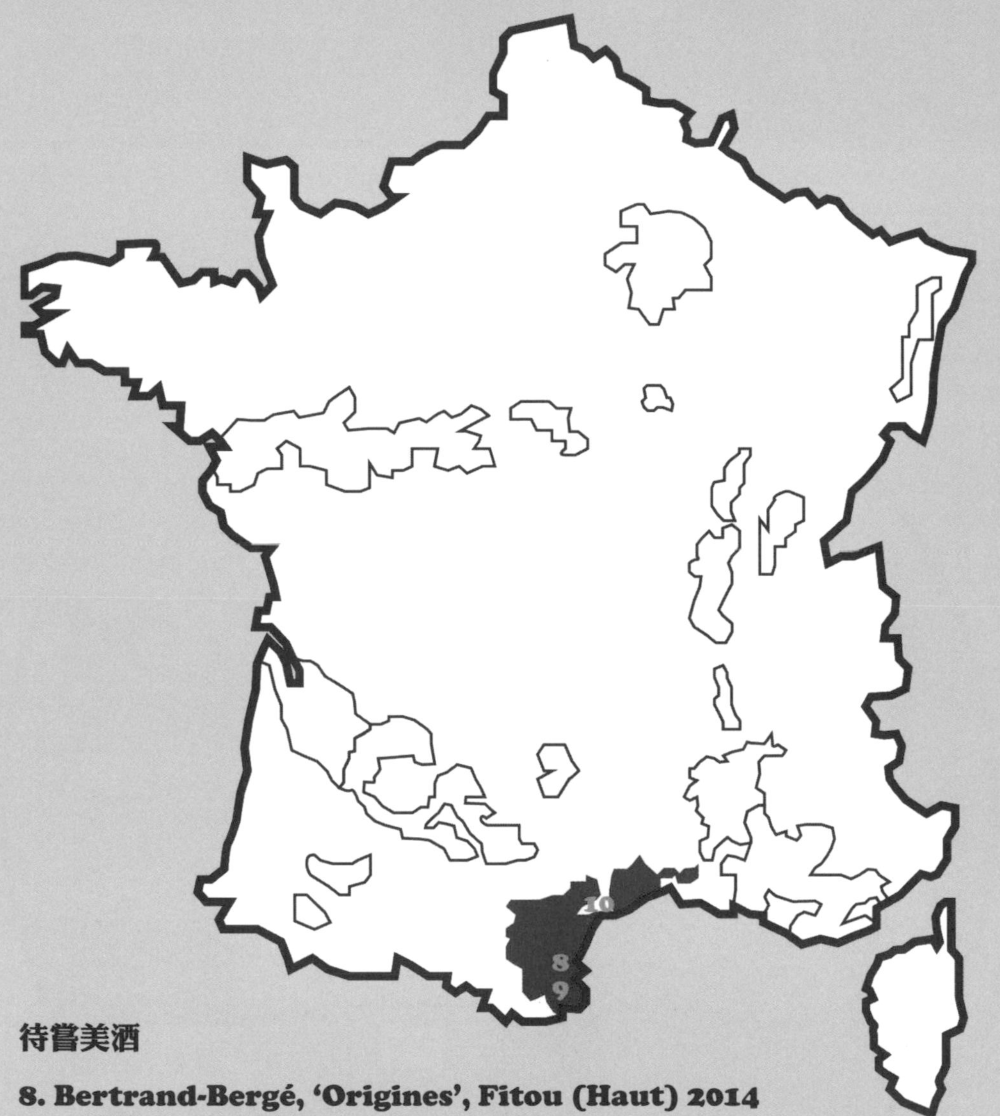

10
8
9

待嘗美酒

8. Bertrand-Bergé, 'Origines', Fitou (Haut) 2014

**9. Les Terres de Fagayra, Maury Rouge,
Vin Doux Naturel（VDN）2014**

10. Mas Saint Laurent, Picpoul de Pinet

我第一次搭飛機是14歲的時候。飛離英國曼徹斯特灰濛濛的天空三個多小時後，便來到目的地，踏出飛機，站在階梯頂端，沐浴在愛奧尼亞的暖陽之下。
當我和機上那些膚色慘淡的北歐旅客一同步下階梯時，注意到的不是頓時轉暖的氣溫，也不是地中海島嶼最吸引人且非比尋常的耀眼暖陽，反而是這裡的氣味。
從西南法驅車橫跨庇里牛斯山腳下的法國南部，當你搖下車窗探出鼻子（就像多年前的我那樣），享受地中海岸所施展的魅力，會發現（家鄉）潮濕的植蔬氣味不見了。歐洲北部農村中，那股受大西洋影響的冷涼土壤與木頭煙燻味，如今已被撲鼻的百里香、馬鞭草、薰衣草，和炙熱的混凝土氣息所取代。
隆格多克—胡西庸
直到約末25年前，隆格多克—胡西庸還是一個逐漸凋零的葡萄酒產區。雖然這裡的產酒量很可能為全法之冠，當地大多數酒款品質頂多一般，無論在國內外的市場都無法創下佳績。隨著法國國內品飲葡萄酒的人口逐漸降低，外銷市場又遇上果香濃郁直接且價格親民的澳洲酒這類勁敵，逼得當地的釀酒業者力圖改變以求生存。所幸他們確實這麼做，而且也成功了；對他們而言，這當然是好事一樁，對葡萄酒消費者而言又未嘗不是如此。隨著當地酒款品質突飛猛進，價位卻依舊親民，隆格多克—胡西庸如今已成全球性價比最高的葡萄酒產區之一。

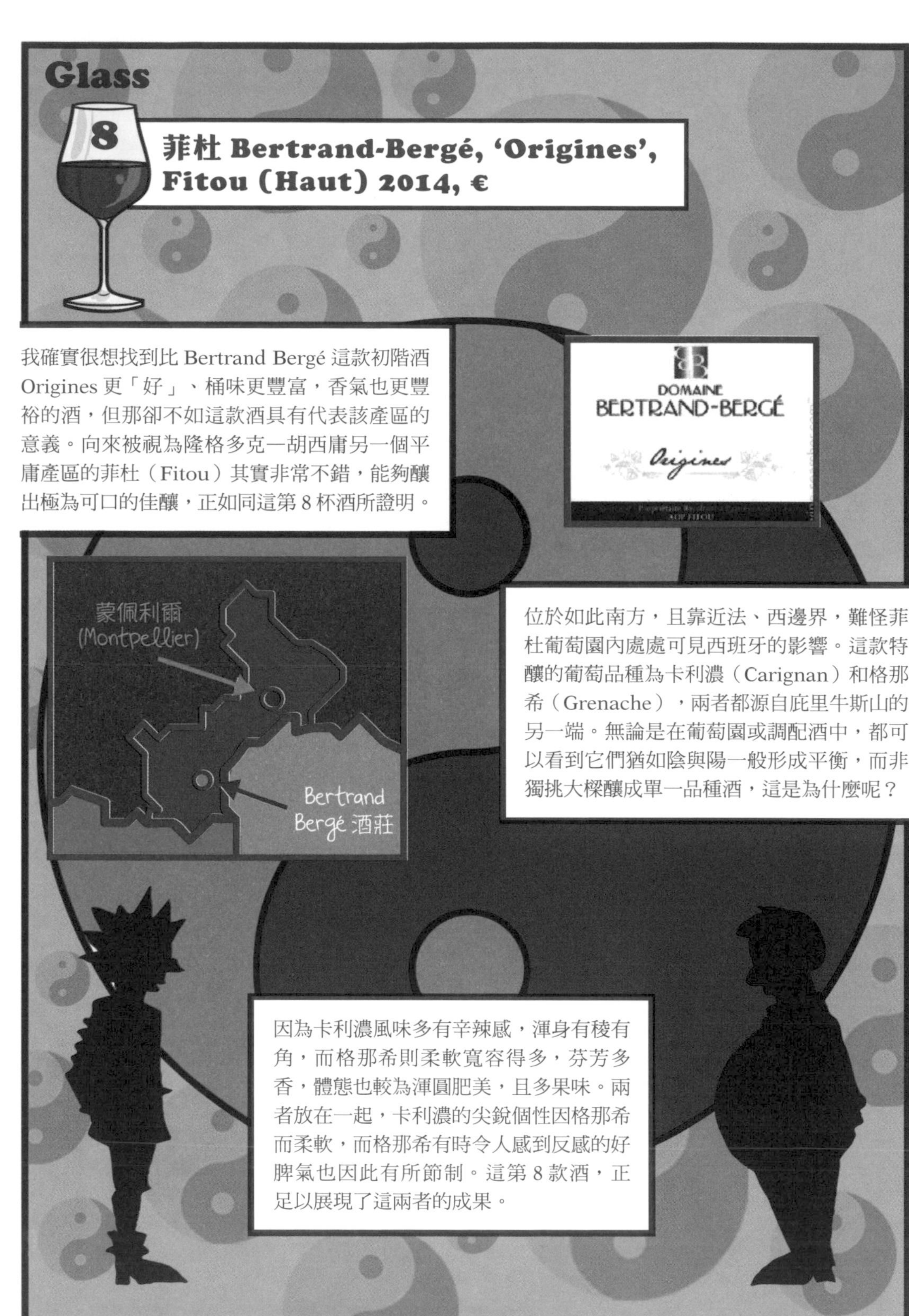
Glass
8
菲杜 Bertrand-Bergé, 'Origines', Fitou (Haut) 2014, €
我確實很想找到比 Bertrand Bergé 這款初階酒 Origines 更「好」、桶味更豐富，香氣也更豐裕的酒，但那卻不如這款酒具有代表該產區的意義。向來被視為隆格多克－胡西庸另一個平庸產區的菲杜（Fitou）其實非常不錯，能夠釀出極為可口的佳釀，正如同這第 8 杯酒所證明。
DOMAINE
BERTRAND-BERGÉ
Origines
蒙佩利爾
(Montpellier)
Bertrand
Bergé 酒莊
位於如此南方，且靠近法、西邊界，難怪菲杜葡萄園內處處可見西班牙的影響。這款特釀的葡萄品種為卡利濃（Carignan）和格那希（Grenache），兩者都源自庇里牛斯山的另一端。無論是在葡萄園或調配酒中，都可以看到它們猶如陰與陽一般形成平衡，而非獨挑大樑釀成單一品種酒，這是為什麼呢？
因為卡利濃風味多有辛辣感，渾身有稜有角，而格那希則柔軟寬容得多，芬芳多香，體態也較為渾圓肥美，且多果味。兩者放在一起，卡利濃的尖銳個性因格那希而柔軟，而格那希有時令人感到反感的好脾氣也因此有所節制。這第 8 款酒，正足以展現了這兩者的成果。

Jam

Sniff 的品飲筆記

一股滲進隆格多克空氣之中的溫和草本香，同樣出現在這杯酒裡；這草本香融合了甜美且幾近果醬般的草莓調性，再添以一、兩片香料麵包的氣息。口感略顯溫暖，單寧分量恰如其分，足以提供酒款架構，撐起誘人的草莓果香。以來自南部的葡萄酒而言，這支 Origines 展現了明顯的酸味細緻度，維持新鮮鮮活的口感滋味，餘韻雖不特別長，卻充滿了足以令飲者滿足的特性。

解析

品飲筆記

這款酒特殊的草本香氣有些難以形容，它令人聯想到當地隨處可見的地中海灌木叢（garrigue）——即覆蓋隆格多克－胡西庸偏遠地區的矮小樹叢。這些品種之所以能在這裡成功，部分原因要歸功於它們生長的環境完全不適合其他商業作物。

這裡的土壤富含石灰岩，但極為貧瘠，缺乏養分，以至於當地只有葡萄樹與一些樹脂類植物，譬如：

百里香
薰衣草
迷迭香
石薔薇

才足夠堅韌，能在此地茁壯。

如果你在仲夏時分行經這些地中海灌木叢，不難發現這些植物的樹脂所散發的香氣瀰漫於空氣中，自然也會沾染到鄰近葡萄園的葡萄皮上。

由於紅葡萄酒在發酵時會與葡萄皮接觸，我們可以合理地假設，釀成的酒款也會沾染上這些植物的樹脂香氣；就好像站得離火堆太近，身上的衣服就會染上煙燻味是一樣的道理。不過，不管來源為何，酒中那股草本調性確實讓這杯酒更加有趣。

至於香料味與草莓的調性，以及酒精度達 14.5% 的溫暖酒精感，則是和天生含糖量高的格那希有關。酒中的麵包風味是我在卡利濃葡萄酒中常發現的特質，你也可以把這形容為土壤調性。卡利濃另一個特性是明顯清晰的酸度。這品種的果味也許稍嫌不足，但嘗來幾乎總是非常新鮮，而且向來富含咬口質樸的單寧感，讓酒款具有怡人的緊緻口感。Bergé 的 Origines 雖然不複雜，卻一點也不簡單，是款足以代表該產區的可口葡萄酒，價位更是平易近人。

Glass

9 莫利天然甜酒 Les Terres de Fagayra, Maury Rouge, Vin Doux Naturel (VDN) 2014, €€€€

蒙佩利爾
莫利
A9 公路
馬賽
西班牙
利翁灣
(Golfe de Lion)

離開 Bertrand-Bergé 後若要前往莫利（Maury）酒村，最好是由 D14 公路取道前行。

這雖然不是最快的一條，卻能更清楚地欣賞到克里比城堡（Castle of Queribus）遺址，它是中世紀末期基督教的分支卡特里教派（Cathars）的最後據點之一；該教派因被天主教會視為異端而被討伐滅亡。城堡遺址矗立於一處岬角上，戰略位置極佳，能看清平原上 700 多公尺遠的敵軍動靜。

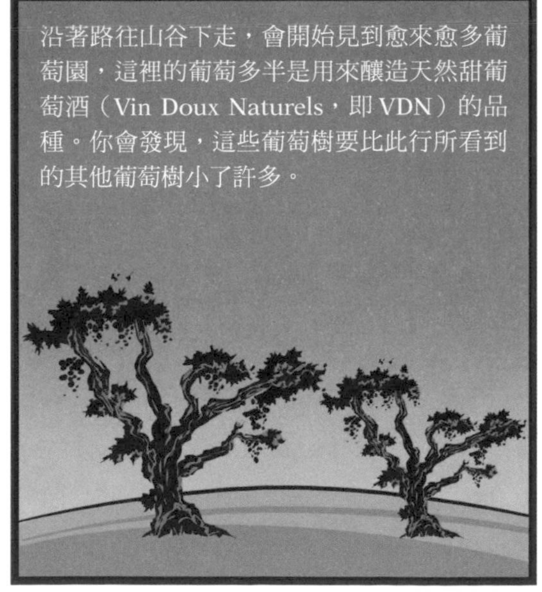
沿著路往山谷下走，會開始見到愈來愈多葡萄園，這裡的葡萄多半是用來釀造天然甜葡萄酒（Vin Doux Naturels，即 VDN）的品種。你會發現，這些葡萄樹要比此行所看到的其他葡萄樹小了許多。

由於地中海氣候炎熱缺水，加上此區土壤貧瘠，風又大，導致葡萄樹都蜷縮在地上。這裡的葡萄樹唯有樹冠夠小才能免於遭北風碎屍萬段的命運，並勉強維持所需的養分。

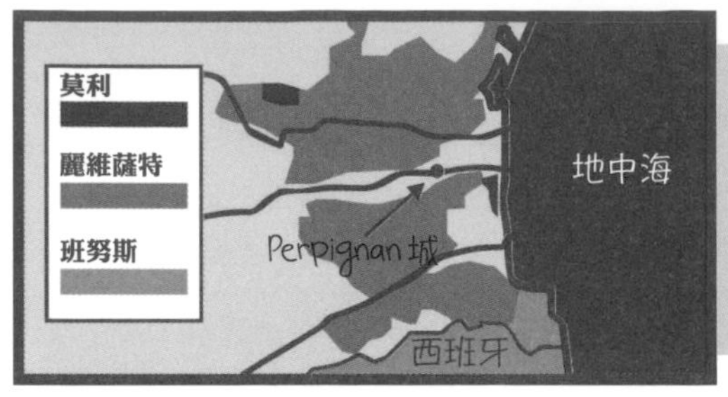
莫利
麗維薩特
班努斯
地中海
Perpignan 城
西班牙

全法國與甜型加烈酒（fortified wine）淵源最深的產區，莫過於胡西庸。你只需要看看當地法定產區成立的時間，就不難發現，這塊在庇里牛斯山的庇護之下多風且乾燥的美麗境地，素來是甜型加烈酒的心臟地帶。

1936

麗維薩特（Rivesaltes）、班努斯（Banyuls）與莫利都是於 1936 年升等為法定產區管制。

appellation d'origine contrôlée
AOC
FRANCE

1971

不過當地第一個獲得類似地位以釀造干型紅酒的產區，卻是 1971 年才升等的高麗烏爾（Collioure）。

appellation d'origine contrôlée
AOC
FRANCE

2005

第 9 杯酒不但要向 VDN 的傳統致敬，更要向當地願意延續傳統的一小群「新」釀酒人舉杯。這家只釀造 VDN 的酒莊 Les Terres de Fagayra 其實是 2000 年代中期才成立的。

Sniff 的品飲筆記

酒色深紫，帶有非常怡人的黑李果香、甘草、乾燥花、甜香料，甚至些許近似濕石頭的土壤調性。但真正厲害之處，是在口中所展現的風味。酒款甜美、深沉、豐裕，卻一點也不黏膩，這是因為酸度夠明亮，足以「照亮」酒中所有風味。單寧量雖大，但質地細緻光滑且柔美，使得這款酒年輕時已非常平易近人。約末 16.5% 的酒精度雖然比多數干型紅酒高，嘗來卻一點也不顯得灼熱，反而在口中展現些許溫暖的感覺，足以襯托風味純粹的果味，並有助於延續口中風味，最後再以帶點鹹味的怡人餘韻作結。與其說這款酒如熊抱一般粗魯，不如說它比較像是調皮且親暱的擁抱，覆蓋著味蕾⋯⋯

解析
品飲筆記
這款酒雖深不透光，卻是百分之百以格那希釀成；該品種釀成的酒款向來酒色淺淡。

釀造加烈酒時，釀酒人需要快速又有效率地大量萃取出葡萄的顏色、風味與單寧，因為酒精發酵只會維持 2 天左右。如此短促的發酵時間是為了確保年輕的果汁／酒中保留住「天然」糖分。

風味
單寧
酒色

加烈是指在酒精發酵不久後，於年輕的葡萄酒中加入酒精度 95% 的葡萄烈酒，以加烈年輕的酒款，或如法國人所說，使其「噤聲」（muted），這也導致加烈酒的酒精度通常較高。

而由於酒中的酒精度猛然升高，導致酵母相繼死亡，無法繼續消耗糖分並將之轉換為酒精，因此形成甜型酒。

第 9 杯的酒色與其深沉而純粹的水果風味，是來自於酒款的培養過程。莫利加烈酒和紅寶石風格的波特酒（Ruby Port）相同，都僅經過極短的培養期。這款酒首先於不銹鋼桶中培養，之後再轉入瓶中，目的是為了防止氧化、維持酒色，並保留新鮮的果味。這款 Fagayra Rouge 展現了完美的純淨風格，完全不受外界影響。

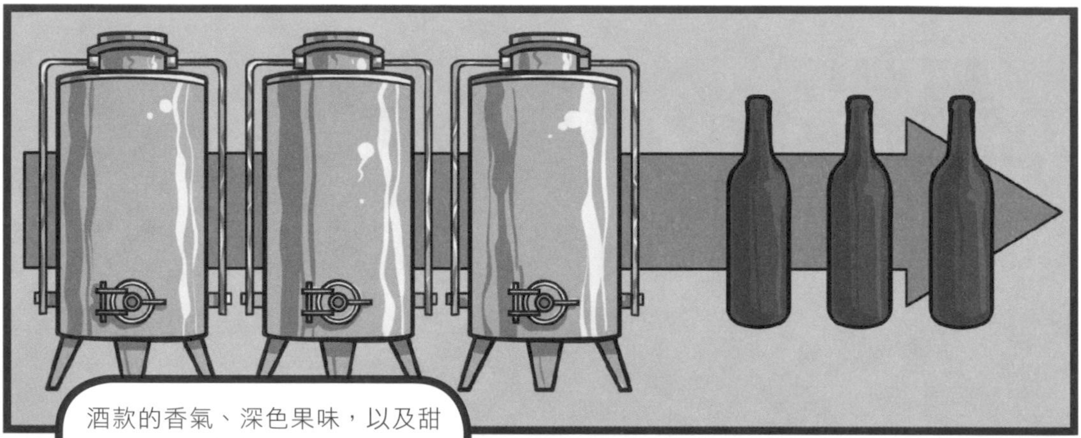

酒款的香氣、深色果味，以及甜香料氣息，都是格那希特有的個性，尤其是來自於低產率葡萄園的格那希，如同這家占地僅 3 公頃的葡萄園。至於酒中成熟而圓潤的單寧架構，則證實了該葡萄園的所在地，確實是胡西庸最適合種植格那希之處。

葡萄園內極為貧瘠的土壤（以黑色片岩為主）似乎有助於抑制葡萄樹的產量，並增進果實風味的濃郁程度，以利加烈酒的釀造。

最後，這款酒以帶點鹽味的口感結尾，這就有點難以判斷了；這有點像是鹽味焦糖冰淇淋，或是在糖漿餡餅上灑幾片海鹽那樣的平衡滋味。這些額外的些微鹹味並非為求有鹽的味道，而比較像是為了襯托甜感。這款酒雖甜，卻帶了點鹹味，足以平衡並延伸酒款在口中的滋味。這是一支單飲就很棒的酒，但如果你想搭點什麼，不妨試試帶點果味的黑巧克力，相信會非常不錯。

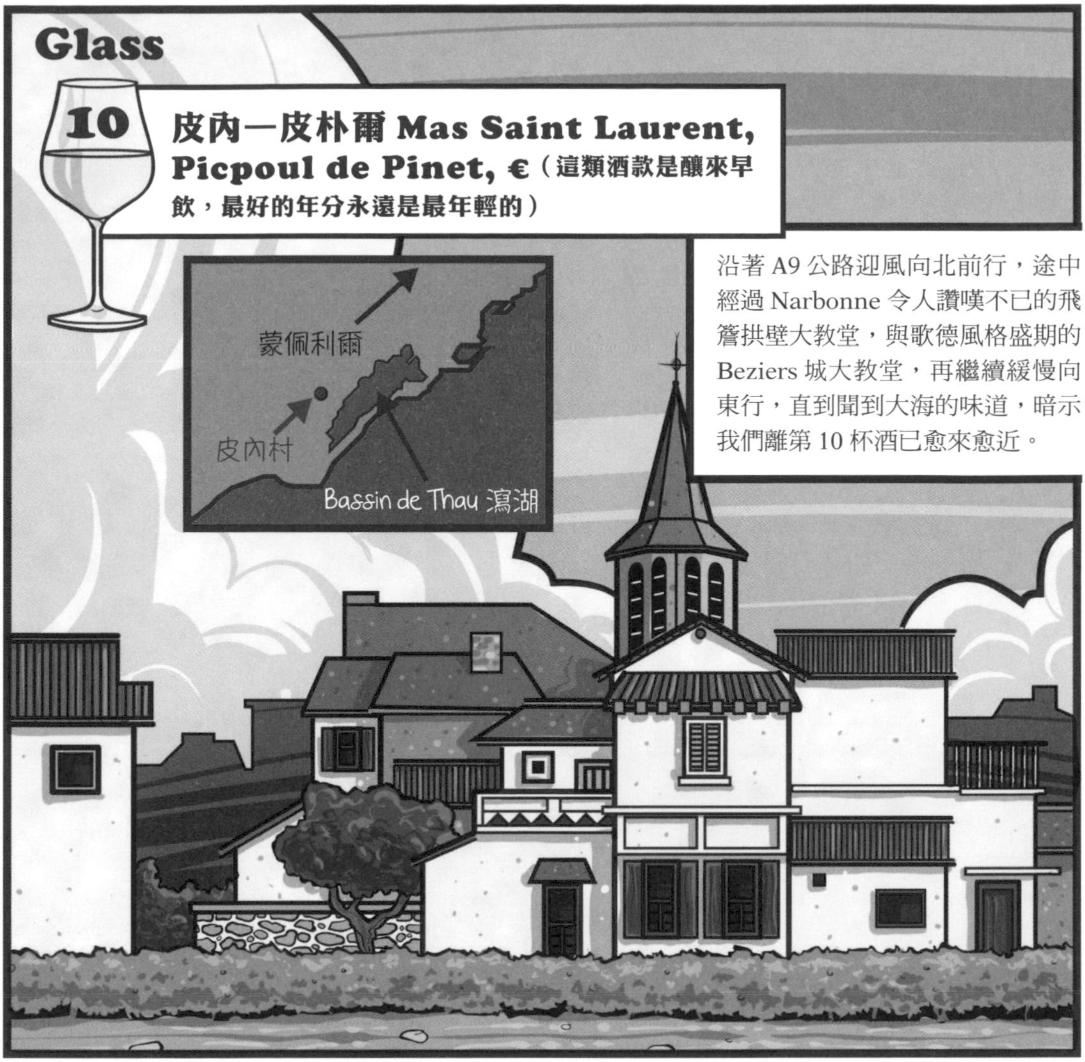

Glass

10 皮內—皮朴爾 Mas Saint Laurent, Picpoul de Pinet, €（這類酒款是釀來早飲，最好的年分永遠是最年輕的）

蒙佩利爾

皮內村

Bassin de Thau 瀉湖

沿著 A9 公路迎風向北前行，途中經過 Narbonne 令人讚嘆不已的飛簷拱壁大教堂，與歌德風格盛期的 Beziers 城大教堂，再繼續緩慢向東行，直到聞到大海的味道，暗示我們離第 10 杯酒已愈來愈近。

皮內—皮朴爾（Picpoul de Pinet）這個原產地法定保護葡萄酒產區（Appellation d'Origin Protégée，即 AOP）致力於推廣單一品種，這在法國可謂難得一見。和鄰近幾個人口同樣稀少的小村莊相同，皮內村（Pinet）所釀造的酒款非常適合搭配殼類海鮮；後者是當地的經濟主力。

這裡有面積廣大的鹽水瀉湖 Bassin de Thau，是陸地與地中海的分界，每年產出上千公噸法國人最愛的蛤類，還有既鹹且帶碘味的生蠔，最適合搭配當地爽脆並帶柑橘香氣的皮朴爾（Picpoul）酒款。該產區釀造的許多可口美酒都非常適合就地暢飲；一旦帶離當地適切且浪漫的環境，這些酒款就會喪失原本明亮的風格。不過皮朴爾可不僅止於此，這個鮮為人知的隆格多克品種雖然無法媲美偉大的品種，卻在當地少數釀酒業者的巧手中成功幻化成極為可口美味的好酒。

侯蘭・塔侯（Roland Tarroux）的 Mas Saint Laurent 酒莊距海僅 5 公里，從葡萄園就能看到潟湖中整齊排放的生蠔養殖箱架。
侯蘭的葡萄樹賴以生長的石灰岩土壤可上溯數億年前，這並不難推斷，因為莊園內曾找到白堊紀時期的恐龍窩。
只要客氣詢問，侯蘭就會帶你去葡萄園中曾經發現史前蛋殼碎片的地點，甚至還願意讓你偷拿一些帶回家做紀念，如果你非常熱衷考古的話。
站在葡萄園內，一面想像自己腳下的爬蟲類巨獸遺跡，一面欣賞眼前整片美麗的湛藍海景，人生似乎瞬間變得美好了些，如果再來上一杯侯蘭所釀造的緊緻美酒，就更加分了。
MAS SAINT LAURENT

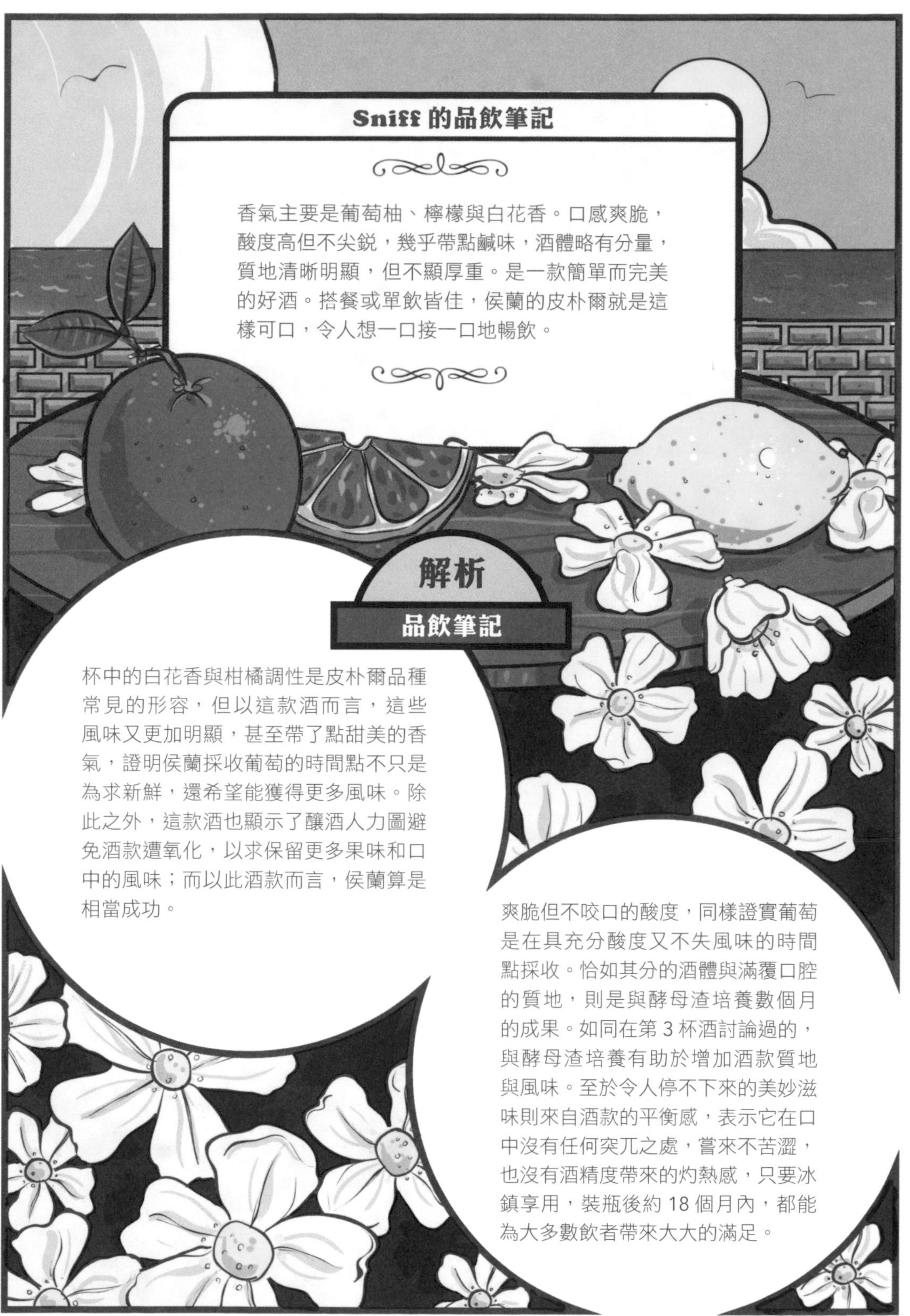

Sniff 的品飲筆記

香氣主要是葡萄柚、檸檬與白花香。口感爽脆，酸度高但不尖銳，幾乎帶點鹹味，酒體略有分量，質地清晰明顯，但不顯厚重。是一款簡單而完美的好酒。搭餐或單飲皆佳，侯蘭的皮朴爾就是這樣可口，令人想一口接一口地暢飲。

解析

品飲筆記

杯中的白花香與柑橘調性是皮朴爾品種常見的形容，但以這款酒而言，這些風味又更加明顯，甚至帶了點甜美的香氣，證明侯蘭採收葡萄的時間點不只是為求新鮮，還希望能獲得更多風味。除此之外，這款酒也顯示了釀酒人力圖避免酒款遭氧化，以求保留更多果味和口中的風味；而以此酒款而言，侯蘭算是相當成功。

爽脆但不咬口的酸度，同樣證實葡萄是在具充分酸度又不失風味的時間點採收。恰如其分的酒體與滿覆口腔的質地，則是與酵母渣培養數個月的成果。如同在第 3 杯酒討論過的，與酵母渣培養有助於增加酒款質地與風味。至於令人停不下來的美妙滋味則來自酒款的平衡感，表示它在口中沒有任何突兀之處，嘗來不苦澀，也沒有酒精度帶來的灼熱感，只要冰鎮享用，裝瓶後約 18 個月內，都能為大多數飲者帶來大大的滿足。

隆格多克—胡西庸推薦酒單

第 8 杯：菲杜

1. Mont Tauch 'Les Quatre' €€
2. Château de Nouvelles 'Gabrielle' €€
3. Domaine de la Rochelierre 'Cuvée Privilège' €€

由於菲杜與北邊的高比耶（Corbières）產區有許多類似之處，
我也列出了一些來自後者的好酒，希望能增加飲者的選擇：

4. Château du Grand Caumont 'Cuvée Tradition' €
5. Château Haut Gléon €€

第 9 杯：莫利天然甜酒

1. Mas Amiel 'Vintage Charles Dupuy' €€€€
2. Domaine des Schistes 'Grenat la Cerisaie' €€
3. Mas Peyre 'Grenat La Rage du Soleil' €€

由於莫利與位於其東南邊的班努斯（Banyuls）產區有許多類似之處，
我也列出了一些來自後者的好酒，希望能增加飲者的選擇：

4. Cave de l'Abbée Rous 'Rimage muté sur grains mise précoce, Cornet et Cie' €€
5. Domaine Berta Maillol 'Traditionnel' €€

第 10 杯：皮內—皮朴爾

1. Domaine Félines Jourdan 'Féline' €€
2. L'Ormarine 'Duc de Morny' €
3. Domaine des Lauriers €
4. Domaine la Grangette 'La Part des Anges' €

普羅旺斯 Provence

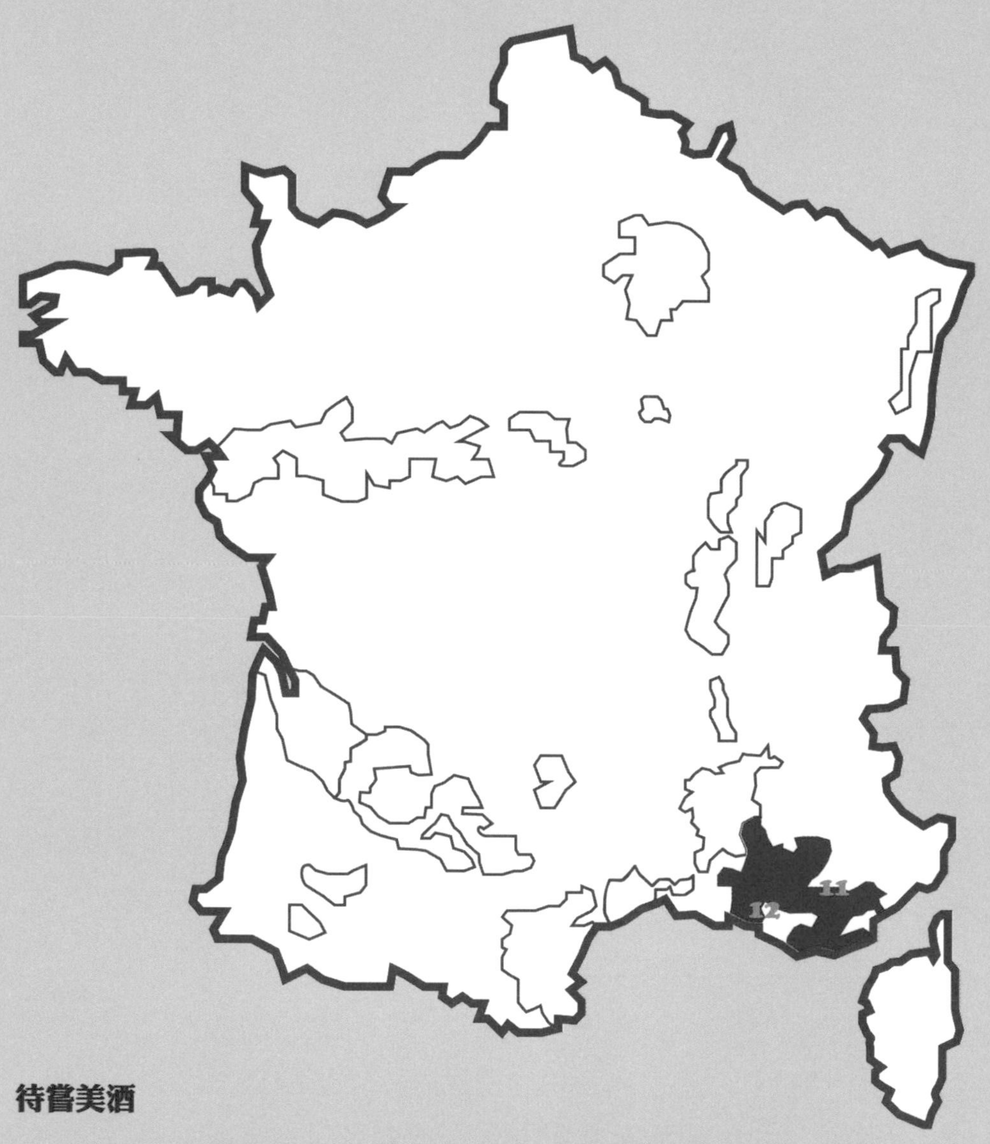
11
12

待嘗美酒

11. Chateau d'Esclans, 'Rock Angel' Rosé, Côtes de Provence 2015

12. Chateau de Pibarnon, Bandol Rouge 2012

普羅旺斯是法國鋒頭最健也最富魅力的地區。這裡的名聲多建立於蔚藍海岸風光明媚的海灘與沿海城市，以及每年來這裡休憩度假的社會名流與貴婦們。
不過，一旦往內陸走，便會發現普羅旺斯所提供的，可不僅只有海灘與昂貴的名牌鞋。這裡也許與沿岸城市的美截然不同，但依舊是個美不勝收的產區。
普羅旺斯
馬賽
尼斯
普羅旺斯的魅力之一，在於人們如何試圖駕馭這塊土地。每一位來訪的遊客都期待能在呂貝宏（Luberon）看到成片的淡紫色薰衣草田，但這景象再怎麼美麗，也比不上瓦爾省（Var）、隆河口省（Bouches-du-Rhone）與邦斗爾（Bandol）等地區迷人的農業美景。

對於許多人而言，只要提到普羅旺斯，就會想到粉紅酒。不幸的是，這個酒款類型雖然可口怡人，卻始終被視為不夠正經、嚴肅的酒種，難以登上頂級酒的殿堂。
直到不久之前，普羅旺斯一直因為這個形象而難以翻身。誤以為普羅旺斯只生產粉紅酒，更導致該產區不少優質紅、白酒遭到忽視。確實，這裡每出產十瓶就有九瓶是粉紅酒，也導致外界鮮少注意到普羅旺斯的紅、白酒。

所幸，邦斗爾、巴雷特（Palette）和玻—普羅旺斯（Les Baux des Provence）產區近來開始出現一些決定脫離法定產區管制框架的釀酒業者，如饗負盛名的 Domaine de Trevallon 酒莊。這個法國最古老的葡萄酒產區，如今已有愈來愈多令人感到期待且興奮不已之處。

Glass

11 普羅旺斯丘粉紅酒 Château d'Esclans, 'Rock Angel' rosé, Côtes de Provence 2015, €€€

（和第 10 杯的皮內一皮朴爾相同，年分愈新愈理想。）

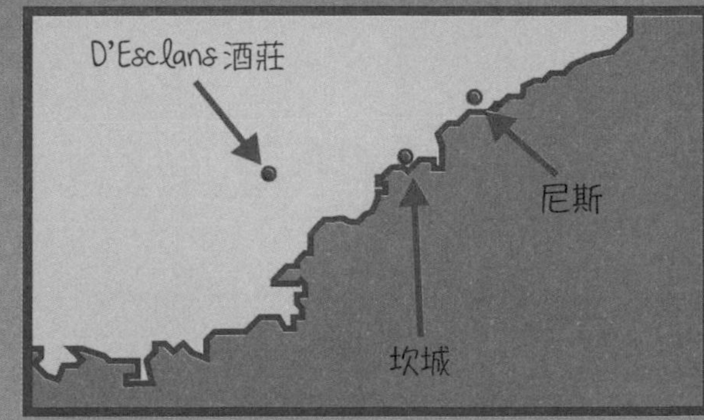

D'Esclans酒莊
尼斯
坎城

坐落於普羅旺斯丘（Côtes de Provence）心臟地帶的 Chateau d'Esclans 酒莊，大概可以說是釀造最純粹的粉紅酒代表酒莊之一，但這可不是夏日美酒而已。

如今的酒莊莊主沙夏・利辛（Sacha Lichine）是波爾多人，他於 2006 年購入 D'Esclans 酒莊。

由於他的「Whispering Angel」品牌（較第 11 杯酒款更清爽的版本）大舉成功，加上好萊塢前夫妻檔布萊德彼特與安潔麗娜裘莉買下 Miraval 粉紅酒莊，該產區粉紅酒的國際銷量因此逐漸增加，也開始有更多消費者認識頂級粉紅酒的概念。

為什麼這值得一提？因為這有助激勵當地酒莊認真釀酒，因此提升普羅旺斯產區的粉紅酒品質，而最終得益的，還是我們這些口渴不已的消費者。

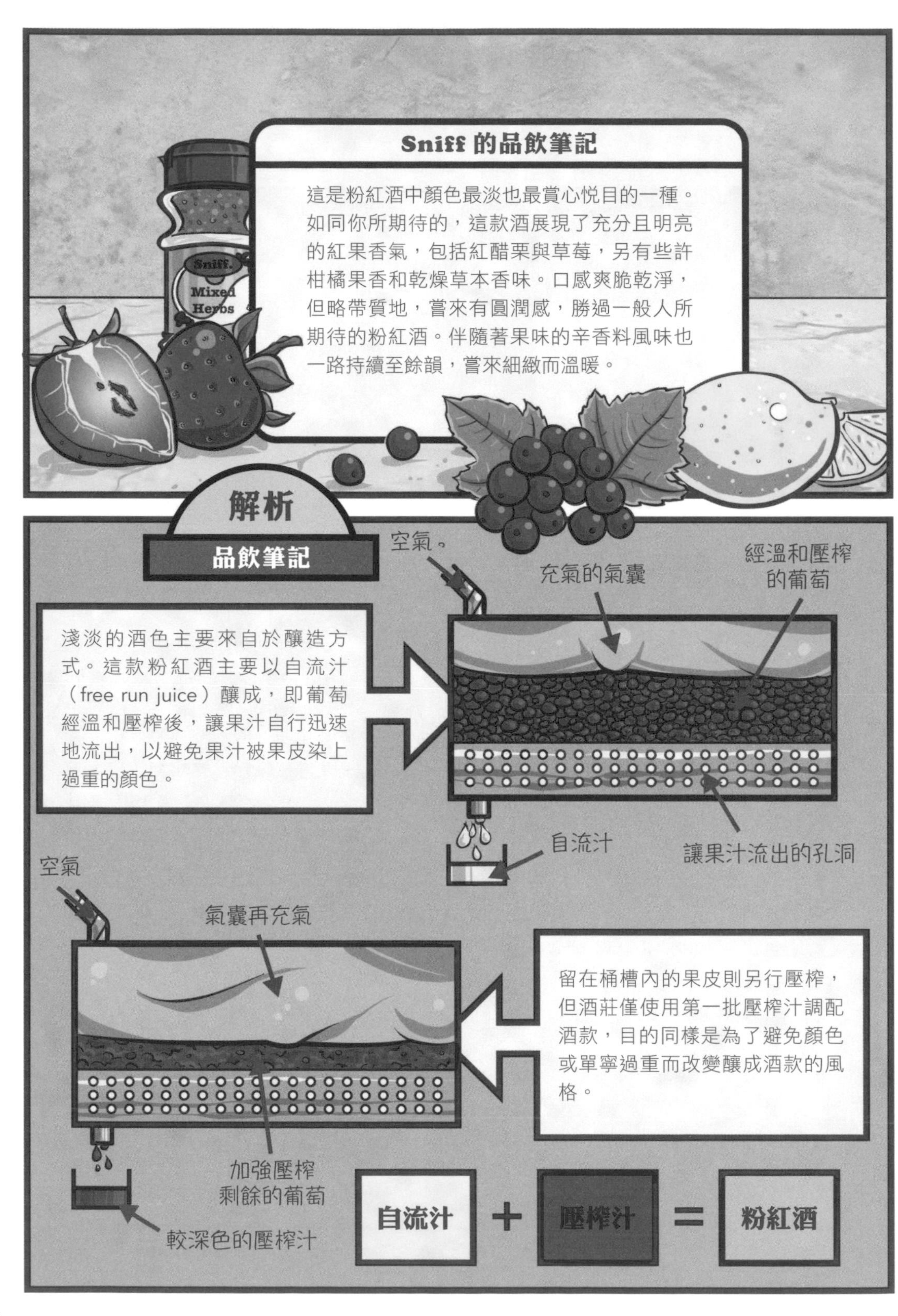
Sniff 的品飲筆記
這是粉紅酒中顏色最淡也最賞心悅目的一種。如同你所期待的，這款酒展現了充分且明亮的紅果香氣，包括紅醋栗與草莓，另有些許柑橘果香和乾燥草本香味。口感爽脆乾淨，但略帶質地，嘗來有圓潤感，勝過一般人所期待的粉紅酒。伴隨著果味的辛香料風味也一路持續至餘韻，嘗來細緻而溫暖。
Sniff.
Mixed
Herbs
解析
品飲筆記
淺淡的酒色主要來自於釀造方式。這款粉紅酒主要以自流汁（free run juice）釀成，即葡萄經溫和壓榨後，讓果汁自行迅速地流出，以避免果汁被果皮染上過重的顏色。
空氣
充氣的氣囊
經溫和壓榨的葡萄
自流汁
讓果汁流出的孔洞
空氣
氣囊再充氣
留在桶槽內的果皮則另行壓榨，但酒莊僅使用第一批壓榨汁調配酒款，目的同樣是為了避免顏色或單寧過重而改變釀成酒款的風格。
加強壓榨剩餘的葡萄
較深色的壓榨汁
自流汁
+
壓榨汁
=
粉紅酒

用來釀造粉紅酒的葡萄品種也相當重要。這裡的酒款多以格那希與侯爾（Rolle）釀成，兩者的果皮顏色都是淺淡，但原因各異。

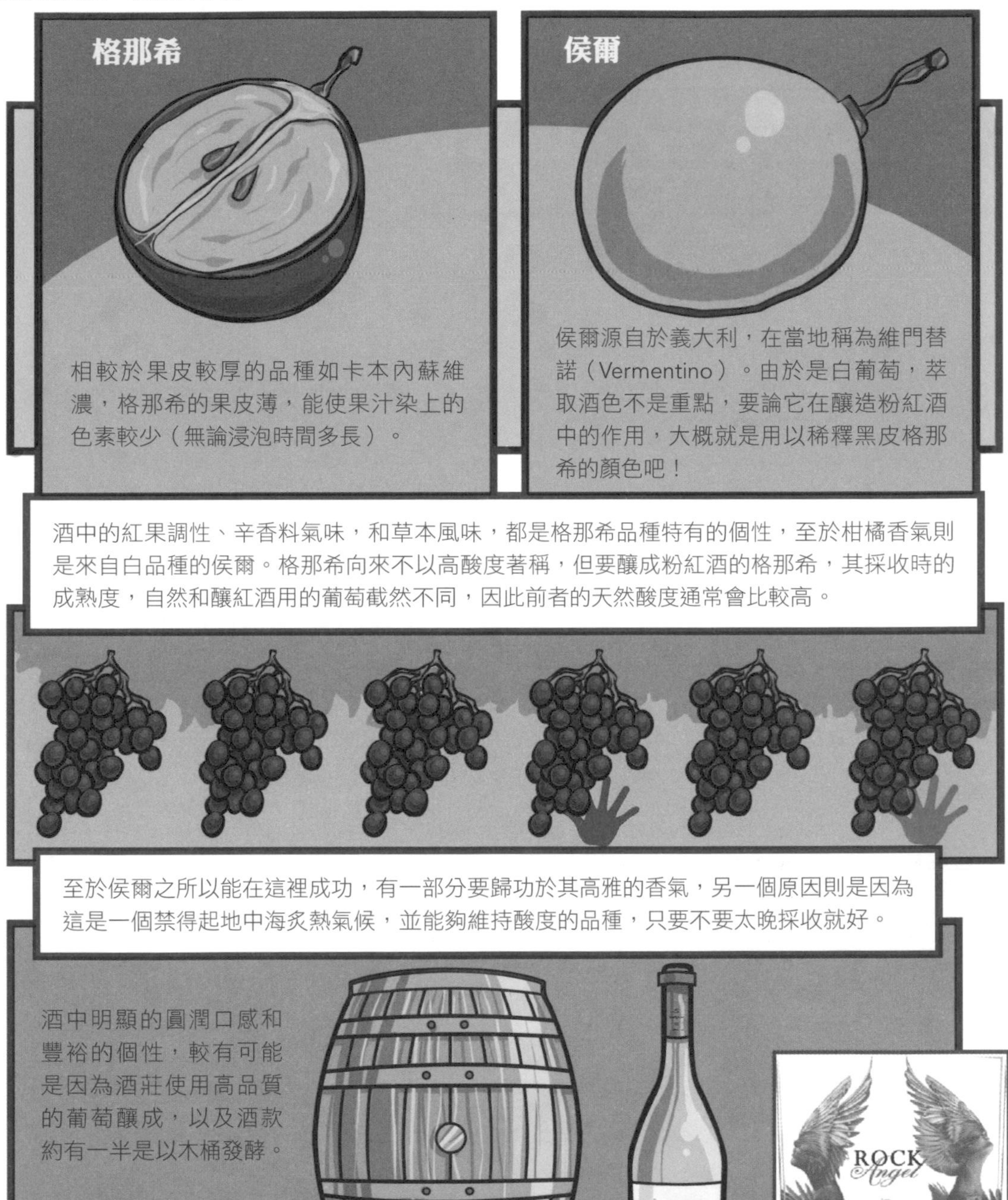
格那希
相較於果皮較厚的品種如卡本內蘇維濃，格那希的果皮薄，能使果汁染上的色素較少（無論浸泡時間多長）。
侯爾
侯爾源自於義大利，在當地稱為維門替諾（Vermentino）。由於是白葡萄，萃取酒色不是重點，要論它在釀造粉紅酒中的作用，大概就是用以稀釋黑皮格那希的顏色吧！
酒中的紅果調性、辛香料氣味，和草本風味，都是格那希品種特有的個性，至於柑橘香氣則是來自白品種的侯爾。格那希向來不以高酸度著稱，但要釀成粉紅酒的格那希，其採收時的成熟度，自然和釀紅酒用的葡萄截然不同，因此前者的天然酸度通常會比較高。
至於侯爾之所以能在這裡成功，有一部分要歸功於其高雅的香氣，另一個原因則是因為這是一個禁得起地中海炙熱氣候，並能夠維持酸度的品種，只要不要太晚採收就好。
酒中明顯的圓潤口感和豐裕的個性，較有可能是因為酒莊使用高品質的葡萄釀成，以及酒款約有一半是以木桶發酵。
ROCK
Angel
Château D'ESCLANS

餘韻中稍微溫熱的口感來自較高的酒精度（14%），但只要冰鎮飲用，理應不會影響到品飲這質樸但不乏高雅個性且適合搭餐酒款的興致。

Glass
12
邦斗爾紅酒 Chateau de Pibarnon, Bandol Rouge 2012, €€€€
Pibarnon
酒莊
(La Ciotat)
邦斗爾幾乎是慕維得爾（Mourvèdre）生產地的同義詞。這個品質超群、果皮厚實但有點難搞的品種，源自西班牙東部。它需要大量日照與溫暖的氣候來達到完美的成熟度，才能展現最好的一面。
因此幾乎只種植於受明顯海洋影響的產區。為什麼？如同我們在第 1 杯中所討論的，大量的水體有助於穩定並維持產區入秋後的氣候，這是全世界的內陸產區都缺乏的。
這也有助於像波爾多的卡本內蘇維濃或邦斗爾的慕維得爾這類晚熟品種，在入秋後繼續成熟。葡萄園距海不超過 5 公里的 Pibarnon 酒莊，正是受惠於地中海溫暖氣候的最理想產區。

隱身於松樹林中，位於狹窄小徑盡頭的 Pibarnon 雖然難找，卻是名副其實的世外桃源。空氣中瀰漫著香草氣味，難以想像這裡會釀出品質欠佳的酒款，事實上，這裡釀的酒的確不俗。從莊園往南，可以越過古老梯田上密集的葡萄樹，俯瞰邦斗爾灣（Bay of Bandol）的美景。

BANDOL
CHATEAU de PIBARNON
Sniff 的品飲筆記
如果葡萄酒聞起來有「厚」的感覺，那就是這款酒了。它不但肉感十足，還有如同法國料理常見的濃郁醬汁質地，而且根據葡萄酒評論家 Jancis Robinson 的描述，這款酒在濃郁的黑莓和草本風味中，還帶有「野生的」（feral）調性。酒款帶有大量的單寧，質地濃郁且咬口，有助於提升酒款在口中的分量。慕維得爾向來不以高酸度著稱，這款酒卻有相當程度的新鮮感，嘗來非但不顯笨重，還鎮定自若，彷如在舌尖飛舞一般，富有綿長且令人心滿意足的餘韻。
解析
品飲筆記
優質的慕維得爾向來比其他紅葡萄多了一股未馴化的氣味。我希望能以簡單的一句話來解釋，但事實卻不盡然。最常用來形容慕維得爾這種調性的詞彙，大概要屬「還原味」（Reduction，見第 75 頁）了。
這常被（並不全然正確）用來形容具有揮發性的硫分子，味道類似腐壞雞蛋或下水道，或是橡膠、土壤和包心菜，也有百香果與煙燻的味道。
你可以想像得到，在自己的酒杯中聞到屎味大概稱不上是最怡人的品飲經驗，但在酒中這類香氣分子通常不多（好險），而且有助於提升酒款的魅力。

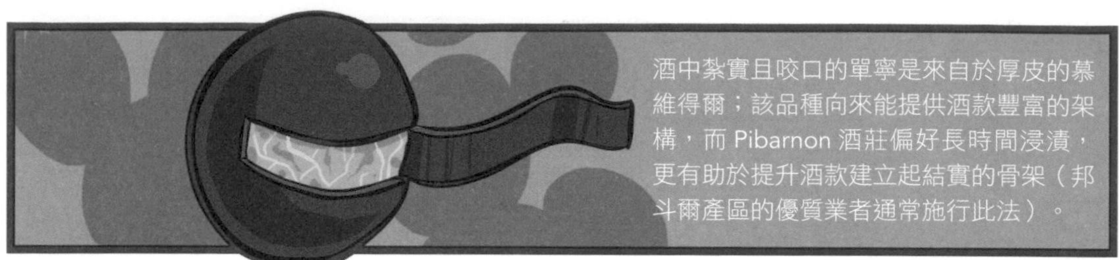
酒中紮實且咬口的單寧是來自於厚皮的慕維得爾；該品種向來能提供酒款豐富的架構，而 Pibarnon 酒莊偏好長時間浸漬，更有助於提升酒款建立起結實的骨架（邦斗爾產區的優質業者通常施行此法）。

在處理特定品種時，特別是如黑皮諾等多香品種，釀酒業者偏好讓葡萄汁與果皮和果渣浸漬個幾天再行發酵。和泡茶一樣，浸泡能夠提升酒款的香氣和酒色（至少短期內有幫助），也有助於釀出適合在短期或中期內飲用的特定風格酒款。

浸漬
發酵
皮諾等品種
發酵
浸漬
邦斗爾

但如果是想釀出能夠久存的美酒，如這款邦斗爾，釀酒業者則傾向於發酵後浸漬。酒精發酵完成後再行與果皮或果籽浸漬，會對新釀成的酒款帶來巨大的影響，進而改變酒款風格。

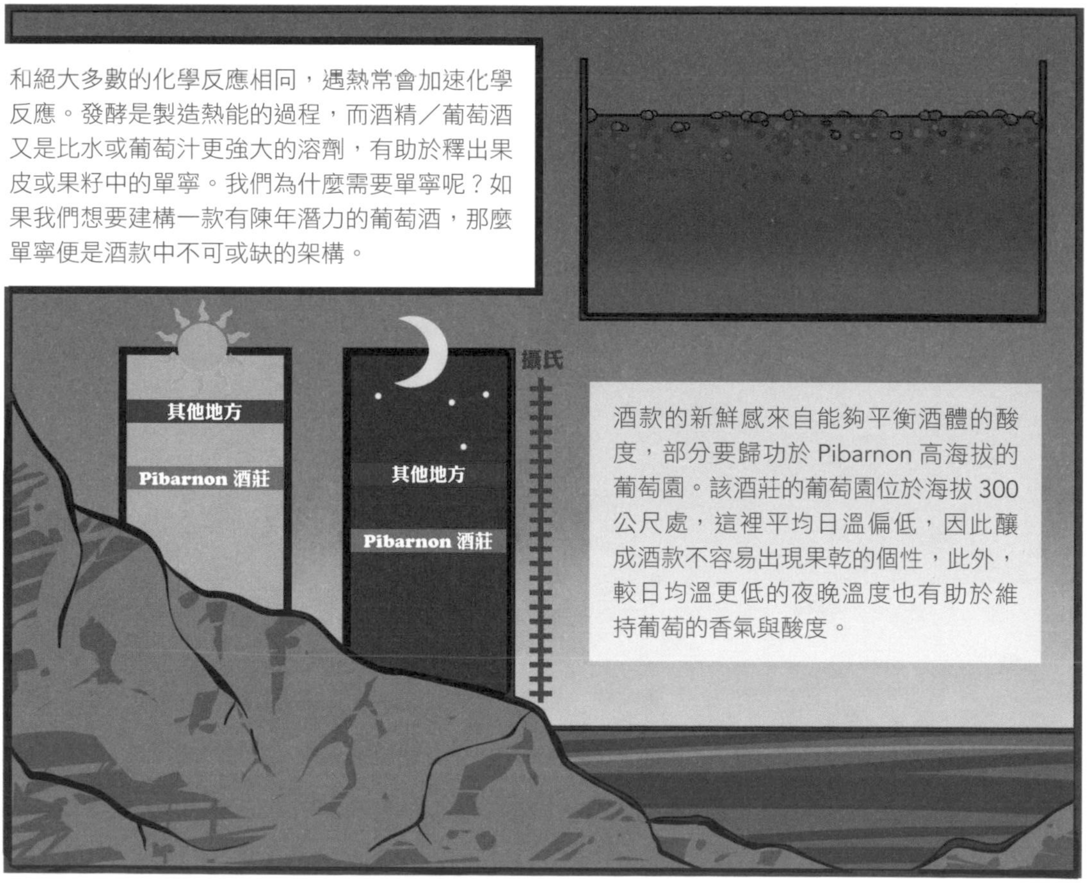

和絕大多數的化學反應相同，遇熱常會加速化學反應。發酵是製造熱能的過程，而酒精／葡萄酒又是比水或葡萄汁更強大的溶劑，有助於釋出果皮或果籽中的單寧。我們為什麼需要單寧呢？如果我們想要建構一款有陳年潛力的葡萄酒，那麼單寧便是酒款中不可或缺的架構。

其他地方
Pibarnon 酒莊
其他地方
Pibarnon 酒莊
攝氏

酒款的新鮮感來自能夠平衡酒體的酸度，部分要歸功於 Pibarnon 高海拔的葡萄園。該酒莊的葡萄園位於海拔 300 公尺處，這裡平均日溫偏低，因此釀成酒款不容易出現果乾的個性，此外，較日均溫更低的夜晚溫度也有助於維持葡萄的香氣與酸度。

這款酒的酒體雖然偏重，風味既濃郁又集中，在口中卻顯得輕盈，而不會顯得不悅沈悶，是因為這款酒還相當年輕。現在當然已經適飲，但若等它過了十歲生日後再行飲用，嘗來應該會更加和諧，屆時單寧已經不再咬口，果味也已發展出更深沉的深度與更多風味。

陳年後的酒款架構雖然依舊清晰，卻已經能夠與果味更加融為一體。目前的感覺就像是站在一棟沒有裝潢或裝潢尚未完成的建物前，無論外觀或空間多美好，你大概還是不會覺得住在裡面能多舒適。
唯有等到地毯鋪好、畫掛好、窗簾裝好，就連床也送達並擺好位置，才會開始出現家的感覺。Pibarnon 的邦斗爾紅酒就像是這樣，是需要時間才會覺得完整的酒，才會充滿自信地在杯中展現出成熟的迷人樣貌。
失去電子
氧化
得到電子
還原

* 第 73 頁注：還原和氧化是兩個截然不同但互補的化學程序。化學反應會導致電子轉移，以至於一化合物被氧化，另一則被還原。如果氧氣充足，酒中的化合物便會逐漸被氧化（即電子由葡萄酒中的化合物移轉至氧氣中），如 Jamie Goode 博士於 wineanorak.com 中所形容。

普羅旺斯推薦酒單

第 11 杯：普羅旺斯丘粉紅酒

1. Mirabeau 'Pure' €€
2. Domaine Ott 'Clos Mireille' €€€€
3. Château Sainte Marguerite 'Cuvée Symphonie' €€
4. Clos Cibonne 'Cuvée Tradition – Tiboren' €€€
5. Rimauresq 'R' €€

第 12 杯：邦斗爾紅酒

1. Domaine de la Tour du Bon €€€
2. Domaine de l'Olivette €€
3. La Bastide Blanche 'Cuvée Fontanéou' €€€
4. Château Pradeaux €€€

南隆河 Southern Rhône

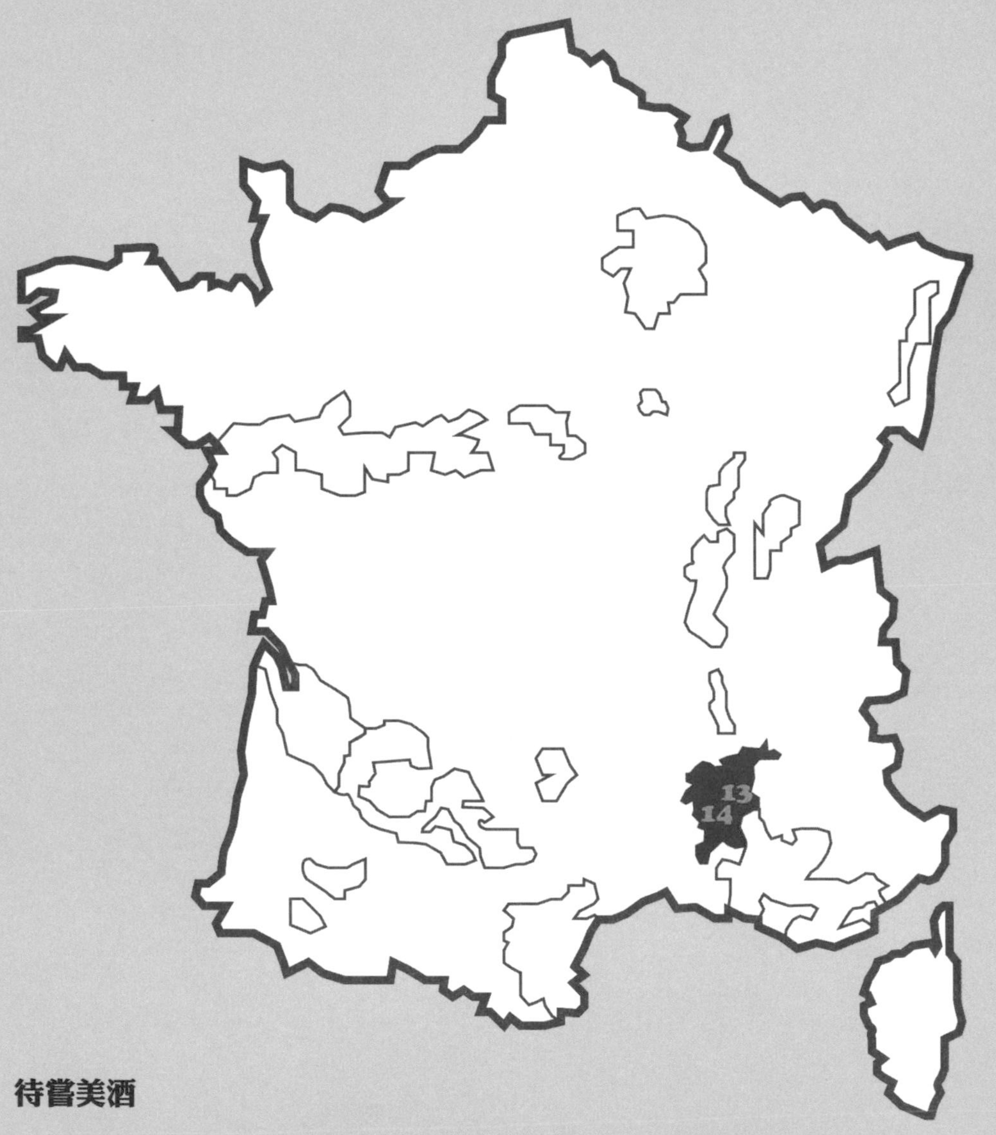

13
14

待嘗美酒

13. Delas 'La Pastorelle', Muscat de Beaumes-de-Venise 2015

14. Le Vieux Donjon Rouge, Chateauneuf du Pape 2013

法國南隆河是個被陽光吻遍的產區，這裡鮮少遇到厚雲遮蔽不見地平線另一端的日子，這種清晰的視線總是能讓旅人大略知道自己身在何方。
但能夠讓旅客確定自身位置的其實不是和緩起伏的柏油路，也不是 Dentelles de Montmirail 山脈鋸齒狀懸崖的輪廓；相比南隆河真正的巨型地標，這些景象不過如侏儒般矮小、無法引人注目，我所說的正是那經年被 Mistral 風猛轟而光禿一片的龐大風禿山（Mont Ventoux）。
不管是在瓦給雅斯（Vacqueyras）的葡萄園裡，在 Malaucène 城外溯溪，或正由吉恭達斯（Gigondas）騎乘單車前往威尼斯一彭姆（Beaumes- de-Venise），都見得到風禿山如士兵站崗般自覆滿松樹的森林中探出頭來，向藍色的天空延伸而去。

Glass 13 威尼斯—彭姆蜜思嘉 Delas 'La Pastorelle', Muscat de Beaumes-de-Venise 2015, €€

（年分愈年輕愈好）

來到南隆河的葡萄酒愛好者，多半會將注意力集中在異常美麗的 Dentelles de Montmirail 山脈的緩坡村莊。

這座山脈表面覆蓋了一層纖薄的石灰岩層，是六千萬至兩億前年因地殼受激烈擠壓，導致板塊上升而優雅地形成。

這裡景色最美的村莊（如果將所釀葡萄酒的名聲也納入考量），自然要屬坐落於山腳下的吉恭達斯。
吉恭達斯
來到這裡，不妨伴著仲夏午後的陽光享受一頓文雅的午餐，品嘗當地知名的松露，餐後跳過甜點，直接上路往南行。
Dentelles de Montmirail 山巒
吉恭達斯
D21 公路
D7 公路
威尼斯—彭姆

在往南的短程旅途中，還會經過另一知名酒村瓦給雅斯，但我們此行的目的地既非吉恭達斯也不是瓦給雅斯，而是威尼斯—彭姆及當地響負盛名的甜型蜜思嘉（Muscat），它才是我們放棄餐後甜點的理由與報酬。

在法國眾多加烈酒中，當屬第 13 杯這款酒最適飲也最討人歡心。
威尼斯一彭姆

威尼斯一彭姆的蜜思嘉酒旨在表現出蜜思嘉濃郁醉人的香氣，是該品種始終大受歡迎的原因之一。

LA PASTOURELLE
2007
MUSCAT DE BEAUMES DE VENISE
DELAS

Sniff 的品飲筆記

要說有哪一款酒坦然流露自己的情感，那麼非這支 La Pastourelle 莫屬。這款蜜思嘉坦蕩蕩地展現了極為露骨的香氣，滿溢的葡萄香氛包覆在辛香料和蜂蜜氣息之下，杯中另飄溢香瓜、檸檬與百香果香。口感明顯帶甜，另有充分的酸度，不至使酒款嘗來黏膩或如糖漿一般厚重，品質欠佳的甜酒偶而就會出現這樣的情形。這款加烈酒個性豐裕且酒體飽滿，酒精明顯（約 15%），餘韻略有灼熱感，風格純粹，雖然相對簡單，但沒什麼不好的；只消冰鎮一、兩小時後飲用，嘗來便會兼具新鮮與奢華的滋味。

蜜思嘉是少數經發酵釀成酒後，聞起來依舊具有明顯葡萄氣味的品種。

解析
品飲筆記
VDN
這款 VDN 之所以如此撲香，有一部分的原因是葡萄汁只經過部分的發酵，保留了果汁中的天然糖分使然。
這也有助於保留果汁中絕大多數的香氣，而這正是蜜思嘉品種名聲響亮之處。

這款酒的釀造方式已於第 9 杯中詳盡介紹，即來自隆格多克的莫利 VDN，但釀造甜白酒與甜紅酒另有幾點不同之處，值得額外詳述。

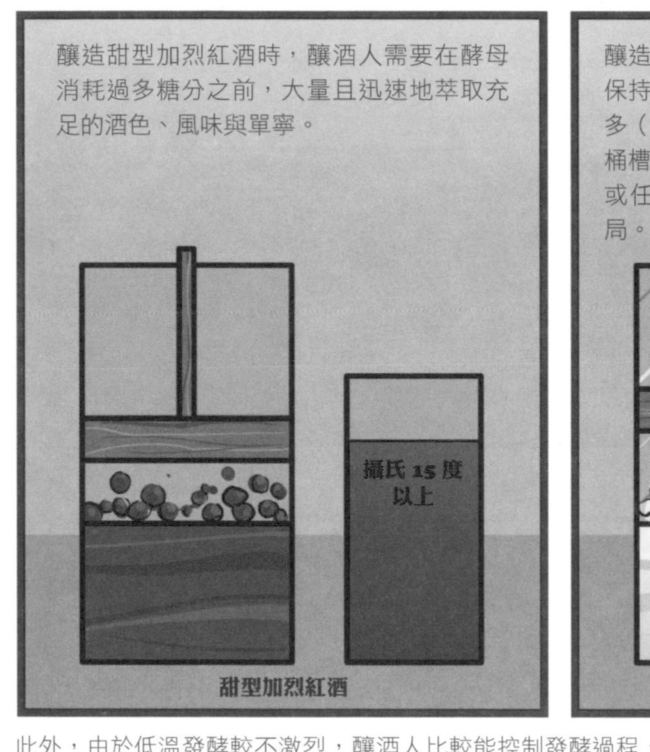

釀造甜型加烈紅酒時，釀酒人需要在酵母消耗過多糖分之前，大量且迅速地萃取充足的酒色、風味與單寧。
攝氏 15 度
以上
甜型加烈紅酒

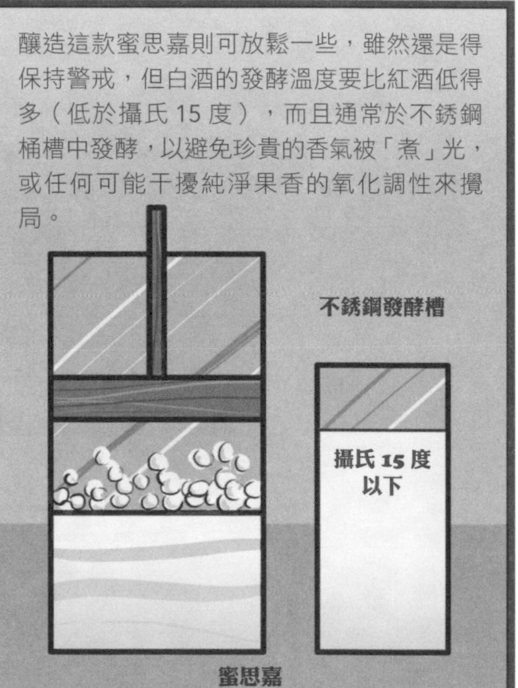

釀造這款蜜思嘉則可放鬆一些，雖然還是得保持警戒，但白酒的發酵溫度要比紅酒低得多（低於攝氏 15 度），而且通常於不銹鋼桶槽中發酵，以避免珍貴的香氣被「煮」光，或任何可能干擾純淨果香的氧化調性來攪局。
不銹鋼發酵槽
攝氏 15 度
以下
蜜思嘉

此外，由於低溫發酵較不激烈，釀酒人比較能控制發酵過程，在酒款達到理想含糖量時，透過冷卻或添加蒸餾烈酒的方式中止發酵過程；以這款酒而言，每公升的殘糖量（residual sugar）有 110 克。

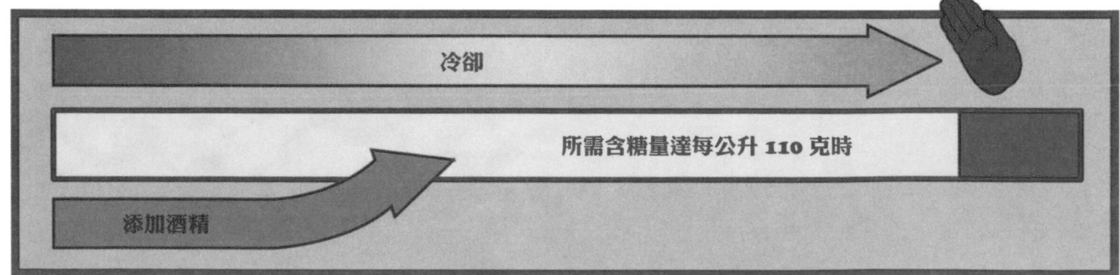

冷卻
所需含糖量達每公升 110 克時
添加酒精

這款酒的酒精度因加烈而來到 15%，加烈的同時會降低酵母的活性，並保留果汁中的殘留糖分。

酒款清新的酸度部分來自品種，部分因為葡萄不僅是種植於坐向良好的地塊，且在正確的時間點採收。

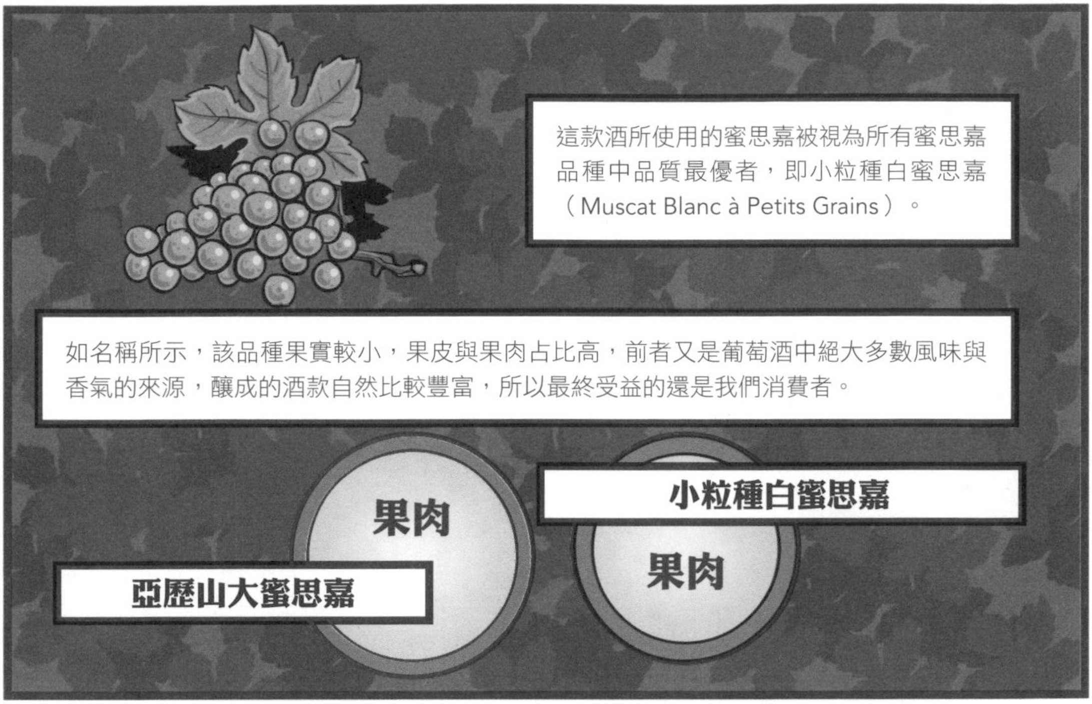

這款酒所使用的蜜思嘉被視為所有蜜思嘉品種中品質最優者，即小粒種白蜜思嘉（Muscat Blanc à Petits Grains）。
如名稱所示，該品種果實較小，果皮與果肉占比高，前者又是葡萄酒中絕大多數風味與香氣的來源，釀成的酒款自然比較豐富，所以最終受益的還是我們消費者。
果肉
小粒種白蜜思嘉
果肉
亞歷山大蜜思嘉

此外，小粒種白蜜思嘉的酸度較其他蜜思嘉家族成員來得高，當種得夠靠近 Dentelles de Montmirail 山脈時，葡萄會因為由這座蕾絲形狀般的山峰所吹拂下來的冷風，得以保留果實的香氣。

這款酒一點也不內斂，反而相當外放，非常適合作為開胃酒或前文所建議的甜點。
如果你既是饕客又是美食家，需要美酒與甜點相伴才能獲得滿足，不妨選擇口感清爽、多果味但不要太甜的來搭配。

如果是我，應該會選擇草莓塔或是一碗浸漬在陽光之下的無花果，來搭配這款最開胃的美酒。

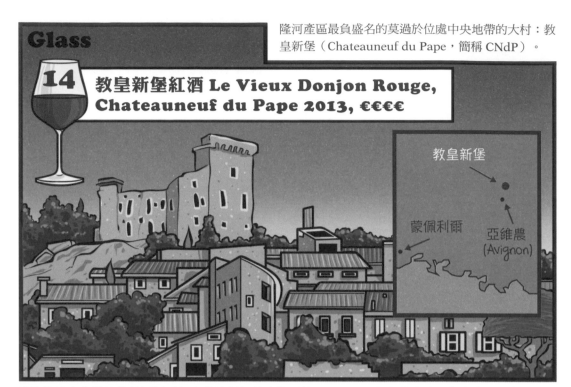

Glass

隆河產區最負盛名的莫過於位處中央地帶的大村：教皇新堡（Chateauneuf du Pape，簡稱 CNdP）。

14 教皇新堡紅酒 Le Vieux Donjon Rouge, Chateauneuf du Pape 2013, €€€€

教皇新堡

蒙佩利爾

亞維農 (Avignon)

雖然當地也有其他特級酒村（如吉恭達斯）釀出的酒款，足以展現類似的廣度和帶有辛香料氣息的勁道，然而教皇新堡眾多酒莊以多元的土質類型與老藤葡萄所釀出的頂級酒，讓它堪稱南隆河的品質代表產區。眾所皆知，教皇新堡是以多個品種釀成（共 13 或 18 種，視同品種不同顏色是否分開計算），當地的明星以及種植量最大的品種當屬格那希。它是主角中的主角，接著才是另外兩個同為 A 級明星的搭檔慕維得爾和希哈，分別負責為調配酒增添深度與濃郁度。

許多葡萄酒書都偏好以滿地鵝卵石上長著多節點的老藤葡萄園，作為介紹教皇新堡的圖片。

這類圖片的問題是，教皇新堡雖然的確有這種滿是疙瘩又呈曲狀的老藤葡萄，但當地的土壤其實更多元；在葡萄園內行走時，可能既會踩到沙子也會踢到足球大小的鵝卵石。這點之所以重要，是因為多元的土質會反映在酒款上。雖然該產區的酒普遍帶有些許灼熱感，酒體也多半豐滿，但單寧質地、果味高雅與否，及香氣濃郁程度，則與葡萄藤腳下的土壤結構大有關聯。

Sniff 的品飲筆記

這款以 55% 的格那希、各 20% 的希哈與慕維得爾，和些許仙梭（Cinsault）釀成的酒款充滿香氣，美麗且誘人，滿載櫻桃、草莓、黑莓、甘草、燉牛肉、巧克力與乾燥草本香氣。口感則展現了明顯的酸度骨架，足以平衡豐滿的酒體與大量的酒精度；是一款宏大卻不笨重的酒。單寧細緻柔順，質地略帶粉狀和咬開葡萄籽的口感，而非顆粒狀或咬舌的口感，在不扭曲原有口感之下，為酒款增添濃郁度。這款酒嘗來滑順，餘韻同樣綿長，讓你不禁想再斟上一杯。

解析

品飲筆記

Le Vieux Donjon.

Châteauneuf-du-Pape

酒款香氣滿盈且富表現力的特質，和種植於沙地土壤上的格那希有很大的關係；葡萄園位於教皇新堡產區東北部，稱為 Rayas 與 Mourre de Gaud，是在前往 Courthézon 城的路上。

Le Vieux Donjon 酒莊在教皇新堡村北邊的 Long Pied 地區也有葡萄園，土壤以鵝卵石為主，尤其適合種植晚熟的慕維得爾。Long Pied 土質較重，具有能夠續熱的石頭，不止有助於熱愛陽光的慕維得爾生長，更能幫助此地的格那希發展出更多深度、酒色與單寧，這也解釋了這款酒中大量的單寧。至於酒款中多元的香氣，則是源自於 2013 年特殊的年分表現。

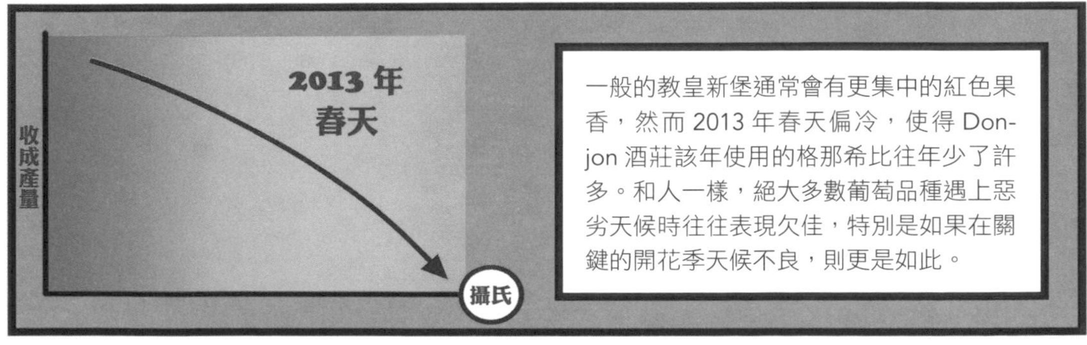
2013 年
春天
收成產量
攝氏
一般的教皇新堡通常會有更集中的紅色果香，然而 2013 年春天偏冷，使得 Donjon 酒莊該年使用的格那希比往年少了許多。和人一樣，絕大多數葡萄品種遇上惡劣天候時往往表現欠佳，特別是如果在關鍵的開花季天候不良，則更是如此。

繁殖需要能量，而葡萄樹則需要可仰賴的碳水化合物來源，以確保葡萄從開花到著果（fruit-set，即果串形成）的過程能夠順利。

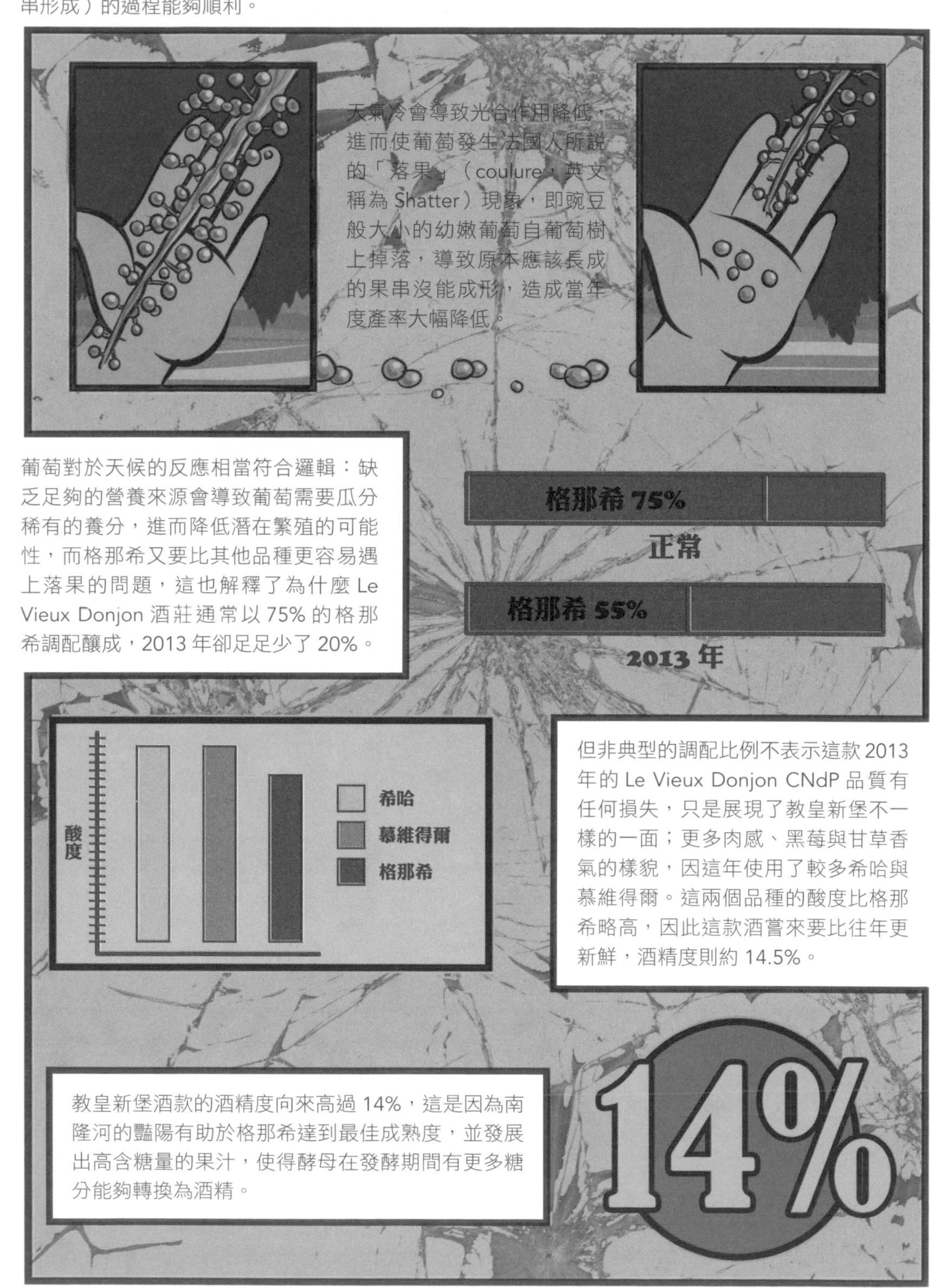

天氣冷會導致光合作用降低，進而使葡萄發生法國人所說的「落果」（coulure，英文稱為 Shatter）現象，即豌豆般大小的幼嫩葡萄自葡萄樹上掉落，導致原本應該長成的果串沒能成形，造成當年度產率大幅降低。
葡萄對於天候的反應相當符合邏輯：缺乏足夠的營養來源會導致葡萄需要瓜分稀有的養分，進而降低潛在繁殖的可能性，而格那希又要比其他品種更容易遇上落果的問題，這也解釋了為什麼 Le Vieux Donjon 酒莊通常以 75% 的格那希調配釀成，2013 年卻足足少了 20%。
格那希 75%
正常
格那希 55%
2013 年
酸度
希哈
慕維得爾
格那希
但非典型的調配比例不表示這款 2013 年的 Le Vieux Donjon CNdP 品質有任何損失，只是展現了教皇新堡不一樣的一面；更多肉感、黑莓與甘草香氣的樣貌，因這年使用了較多希哈與慕維得爾。這兩個品種的酸度比格那希略高，因此這款酒嘗來要比往年更新鮮，酒精度則約 14.5%。
教皇新堡酒款的酒精度向來高過 14%，這是因為南隆河的豔陽有助於格那希達到最佳成熟度，並發展出高含糖量的果汁，使得酵母在發酵期間有更多糖分能夠轉換為酒精。
14%

不同酒款的質地與在口中釋放的感受，都是非常真實的。我們已經在第 3 杯酒見識過，與酵母渣浸漬和攪桶對發酵或熟成中的白酒造成的口感影響，但紅酒的口感所帶來的多元質地才是最強烈的。

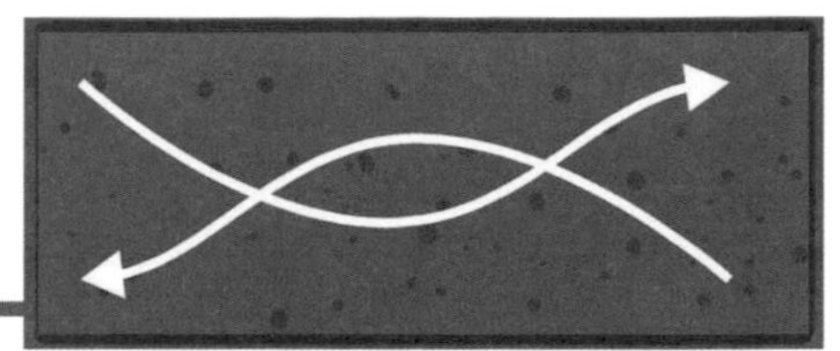

這是為什麼呢？

要回答這個問題，得先簡短地解釋單寧的作用。簡單來說，植物的單寧是為了阻止掠食者攝食而存在。如果你吃了青澀未成熟的果實，比如覆盆子或葡萄，會發現它嘗起來不但有令人皺眉的高酸度，還相當苦澀。

苦澀感來自於唾液中的蛋白質結合單寧所形成的觸覺口感，這也會導致口腔乾澀，如同喝了茶葉浸泡太久的茶水。葡萄樹以及覆盆子的木枝已經進化到當它成熟——果籽可以散播及繼續繁殖——時，果實會有愉悦的外觀顏色、甜度，以及較低的酸度，以吸引飢餓的掠食者食用，並廣為散播果實內的籽。

不管什麼酒，只有你能決定該如何形容自己感受到的單寧質地。我發現格那希常帶給我類似粉狀的單寧質感，宛如電腦畫素一般。我用類似的詞彙來形容義大利最偉大的品種內比歐露（Nebbiolo），但後者給我的感覺要更集中些，因為內比歐露酒款比以格那希為主的調配酒款更緊緻，但較不柔和；格那希確實可以說是教皇新堡個性奔放的品種之王。

南隆河推薦酒單

第 13 杯：威尼斯—彭姆蜜思嘉

1. Château Saint-Saveur 'Cuvée des Moines' €€
2. Xavier Vignon €€

……基於隆格多克也是許多類似第 13 杯的蜜思嘉 VDN 的家鄉，以下列出：

3. Domaine des Aires, Muscat-de-Lunel €€
4. Domaine Peyronnet, Muscat-de-Frontignan 'Cuvée Belle Etoile' €€
5. Domaine de Barroubio, Muscat-de-Saint-Jean-de-Minervois 'Dieuvaille' €€

第 14 杯：教皇新堡紅酒

1. Domaine de la Charbonnière 'Cuvée Mourre des Perdrix' €€€€
2. Château de Beaucastel €€€€€
3. Clos des Papes €€€€€
4. Giraud 'Les Grenaches de Pierre' €€€€€ +
5. Château Rayas €€€€€ +
6. Domaine de Cristia 'Vielles Vignes' €€€€€ +
7. Château de la Font du Loup ('Les Demoiselles de la Font du Loup') €€€€
8. Tardieu-Laurent 'Cuvée Spéciale' €€€€
9. Les Clos du Caillou 'Les Quartz' €€€€€ +

北隆河 Northern Rhône

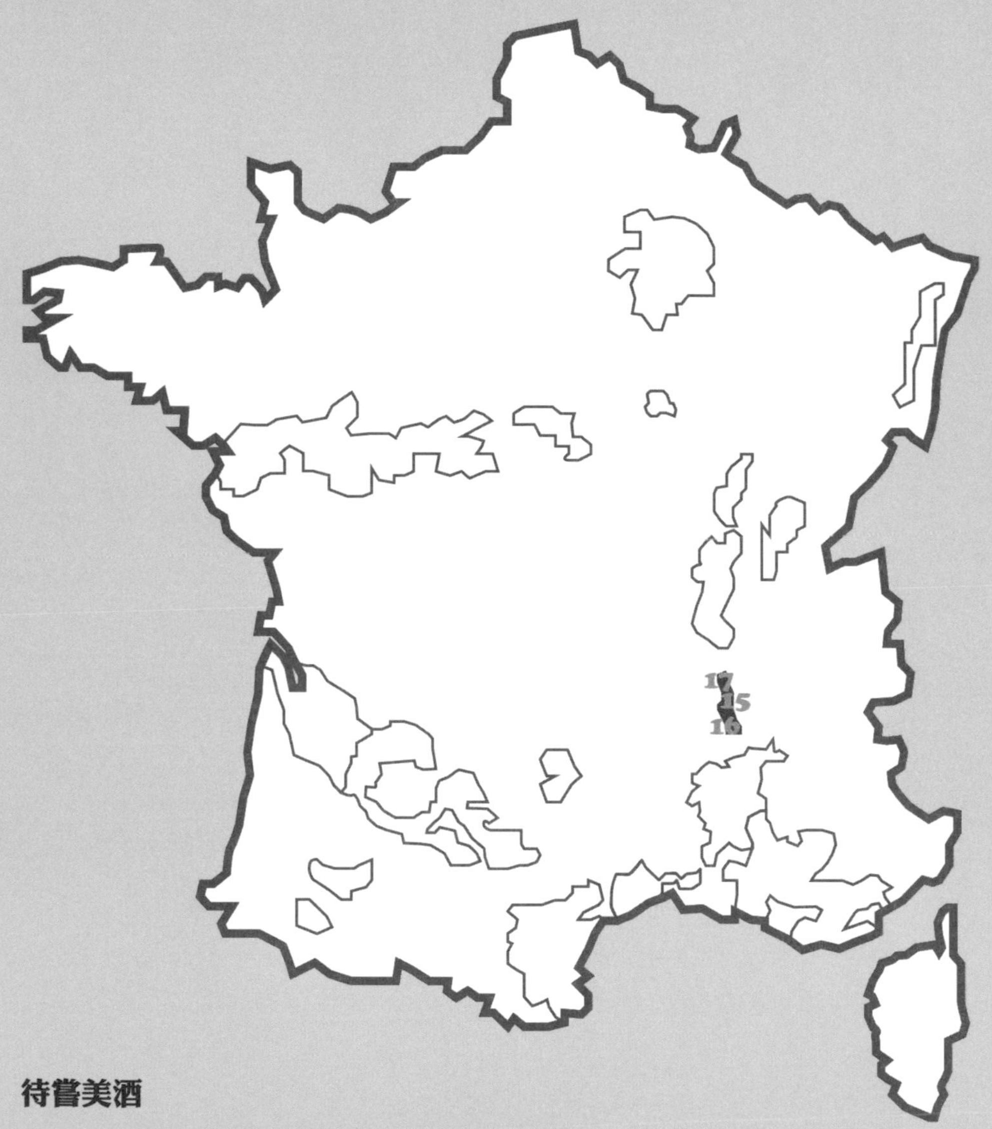
17
15
16

待嘗美酒

15. Tardieu-Laurent, Hermitage 2012

16. Domaine Bernard Gripa, 'Les Figuiers', Saint-Péray 2014

17. Georges Vernay, Les Terrasses de l'Empire, Condrieu 2015

沒耐性的人會走 A7 公路，這是從教皇新堡到北隆河最南端瓦朗斯（Valence）之間 114 公里路的最快捷徑。時間較充裕的人不妨考慮繞道，拜訪有美麗中古時期與羅馬建築的 Vaison-La-Romaine，或是出產全法國最棒橄欖的 Nyons 小鎮；如果你是熱愛美麗事物的人，也懂得享用午餐的必要，相信一定會懂得欣賞這些地區之美。

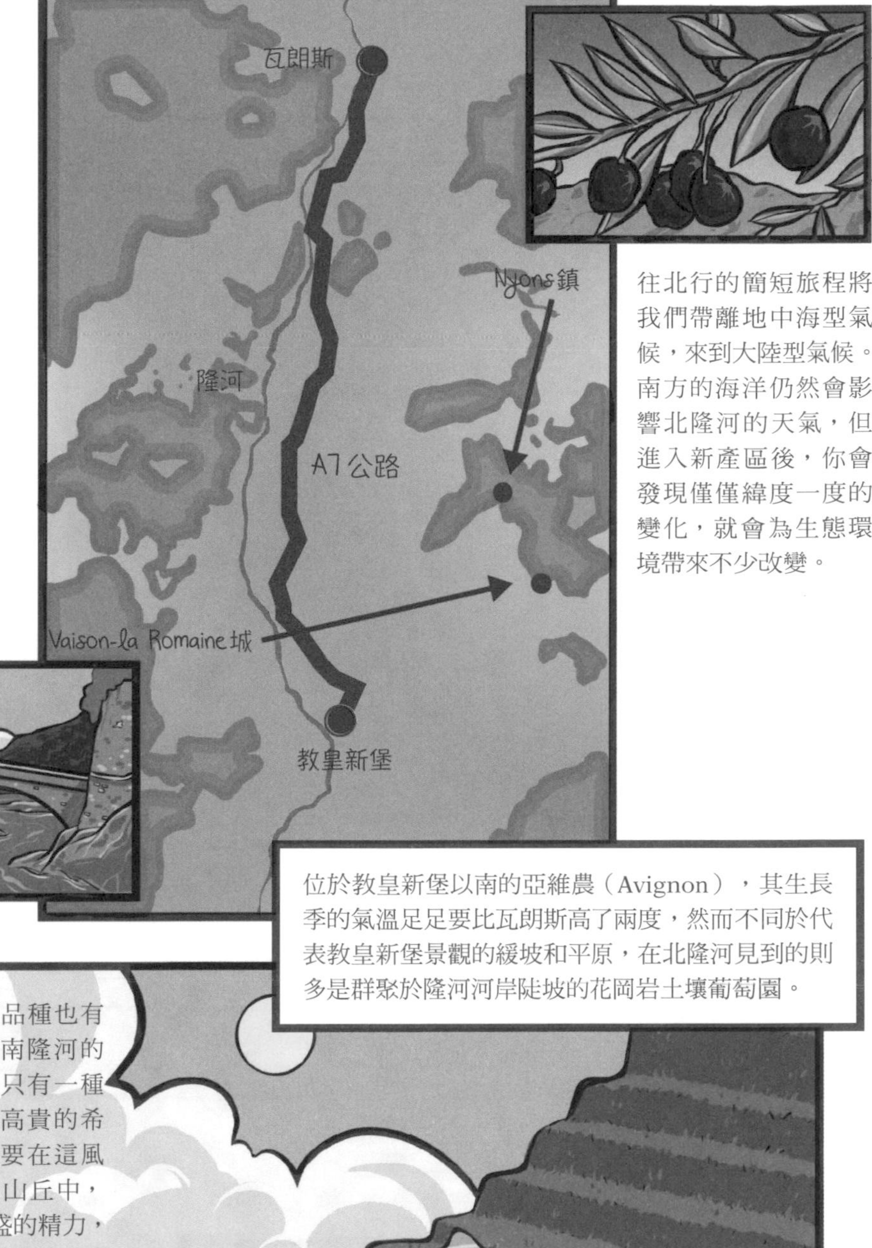
瓦朗斯
Nyons鎮
隆河
A7公路
Vaison-la Romaine城
教皇新堡

往北行的簡短旅程將我們帶離地中海型氣候，來到大陸型氣候。南方的海洋仍然會影響北隆河的天氣，但進入新產區後，你會發現僅僅緯度一度的變化，就會為生態環境帶來不少改變。

位於教皇新堡以南的亞維農（Avignon），其生長季的氣溫足足要比瓦朗斯高了兩度，然而不同於代表教皇新堡景觀的緩坡和平原，在北隆河見到的則多是群聚於隆河河岸陡坡的花岡岩土壤葡萄園。

這裡種植的葡萄品種也有所不同。不同於南隆河的眾多品種，這裡只有一種黑葡萄品種——高貴的希哈，而它正是需要在這風化的陡坡與梯田山丘中，才能展現出最旺盛的精力，並結出最芳香的果實。

雖然全球葡萄酒市場普遍偏愛紅酒，但要讓北隆河真正完整，自然少不了白葡萄品種：不管是酒體豐腴且滿載杏桃香氣的濃香維歐尼耶（Viognier）、架構結實的馬珊（Marsanne），或是輪廓鮮明的胡珊（Roussanne），任何酒窖、酒櫃或葡萄酒冰箱都需有這些酒款，才稱得上是令人興奮的收藏。

Glass 15 艾米達吉紅酒 Tardieu-Laurent, Hermitage 2012, €€€€€

艾米達吉（Hermitage）的丘陵所產出的不只是隆河最優，更是全球最具勁道也最細緻的希哈紅酒。

FAMILLE TARDIEU
HERMITAGE
TARDIEU - LAURENT

有一些人認為，艾米達吉以北 50 公里處羅弟丘（Côte Rôtie）的陡峭葡萄園所釀出的葡萄酒，才稱得上是北隆河最優的希哈。羅弟丘的希哈也許較優雅，但艾米達吉的酒款才是最能代表該產區其他風格的希哈，如重量級的高納斯（Cornas）與克羅茲—艾米達吉（Crozes-Hermitage）。

如果從南部前往艾米達吉，取道 Pont Gustave Toursier 橋過河，就能一覽艾米達吉丘陵葡萄園的美景，唯有此時你才會明白這產區有多小。艾米達吉雖然響負盛名，卻僅有 135 公頃的葡萄園，差不多等於一個邊長 1.35 公里的正方形大小而已。

該產區的葡萄園面積之所以如此小，是因為當地只有面南的地塊才適合種植希哈（其中還有 25% 至 30% 種了馬珊與胡珊）。葡萄園面對赤道至關重要，只要坐向有所偏差，葡萄就無法得到足夠的日照與熱能，難以達到良好的成熟度。

Sniff 的品飲筆記

這杯酒現在（我下筆時是 2017 年 3 月）還有些內斂沈默。許多好酒在年輕時都較為閉鎖，僅展現出如青少年般粗暴彆扭的脾氣，這就是其中一支。這款酒展現了香草和深色辛香料氣味，襯以些許土壤與碎石調性，但難以察覺任何明顯的果味；口感則是另外一回事：香草和辛香料依舊是最明顯的風味，但酒款在口中另展現了美好且有質地的成熟黑、藍色果味。不過，這款酒最令人驚豔之處其實是架構。酸度非但不具侵略性，還釀得相當精準，不但定義了酒款的風味，更提升了酒中各種美好的滋味，使其一波又一波地襲捲口腔。除此之外，單寧的觸感也是這款酒的關鍵之一：單寧細緻且略帶顆粒狀，嘗來不像是白堊或雲母一般的滑石，但肯定要比沙子滑過指間一般更加細緻微小。這款酒的濃郁程度，並非那種喝完一杯後讓飲者不知所措的酒，而是宛如注視著一幅表現完美的靜物畫許久後，所產生的強烈感受：安靜內斂，但引人入勝。餘韻則佔據飲者喉頭，像是完美擲出的飛盤一樣緩慢地下降，再輕巧柔軟地降落。

解析
品飲筆記

如同我們在上一杯所品嘗到的，香草與辛香料氣息是酒款於法國橡木桶中培養得來。其深色的果味與土壤風味，則是以希哈為主的酒款中常出現的調性。新鮮的酸度源自於葡萄種在緯度較北、天候夠暖卻不至於過度的環境中使然；這樣的生長氣候能夠確保我們不會在酒中嘗到果乾或如波特酒一般的調性；後者是種植在過熱地區的希哈常會出現的風味（不管這類酒款嘗來多麼可口）。

這款酒質地近乎光滑的細緻單寧，是高品質希哈的象徵。酒商（negociant）Tardieu-Laurent 在艾米達吉並沒有任何葡萄園，而是與當地酒農契作。這款酒濃郁的果味與綿長的餘韻，部分是來自精挑細選的種植地點，部分則是因以老藤葡萄釀成；這些老藤葡萄多半已逾 60 歲。

有一些酒款就是足以證明這一小片地或山丘，以及種植於其上的品種為何如此備受重視。艾米達吉優於鄰近產區的特定原因難以詳述，但其酒款之卓越，眾所皆知。
這款酒非常可口，雖然還會隨著時間演進更加誘人，但如今已能提供飲者大量的樂趣。好好享受吧！

Glass

聽到開放式酒吧傳來熟悉樂音時，過去的回憶常湧上心頭，
將聽者帶回熟悉的時間與地點，以及當下所有的感覺。

16 聖佩雷 Domaine Bernard Gripa, 'Les Figuiers', Saint-Péray 2014, €€

同理，氣味也常對飲者帶來類似的影響。

以我而言，撲鼻的丁香味總是會帶我回到兒時的聖誕節時光，因為奶奶自製的可口麵包醬總是少不了丁香。

溫暖的防水布味道，則總是讓我聯想到青少年時期的假日，在蘇格蘭高地露營時躲在潮濕帆布之下的回憶。

至於在雪莉（Jerez）與Montilla產區高聳的酒莊裡令人陶醉的香氛，則是我心目中天堂應有的氣味（如果真有這地方，而且我也真的能獲准進入這充滿香氣的應許之地的話）。

對我而言，胡珊與馬珊也能產生類似的影響。
June
這兩個關係緊密的品種大概不可能有機會家喻戶曉，它們太沈默寡言且古板，沒有濃郁多香的個性，只有些許內斂低調的香氣。
然而，最好的胡珊與馬珊酒款魅力十足，而且能展現出舒心的工作室和小屋氣味。
如果你覺得我想太多或自以為是的浪漫，或「誰會想喝有亮光漆或樹脂風味的酒款」，

不妨想想麗絲玲（Riesling）常展現的石油氣味、黑皮諾的農莊味，或是白蘇維濃的汗味……

坐落於隆河右岸（以河流前進方向算）的聖佩雷（Saint-Péray）酒村，是北隆河最南的產區，而且全區只釀白酒。

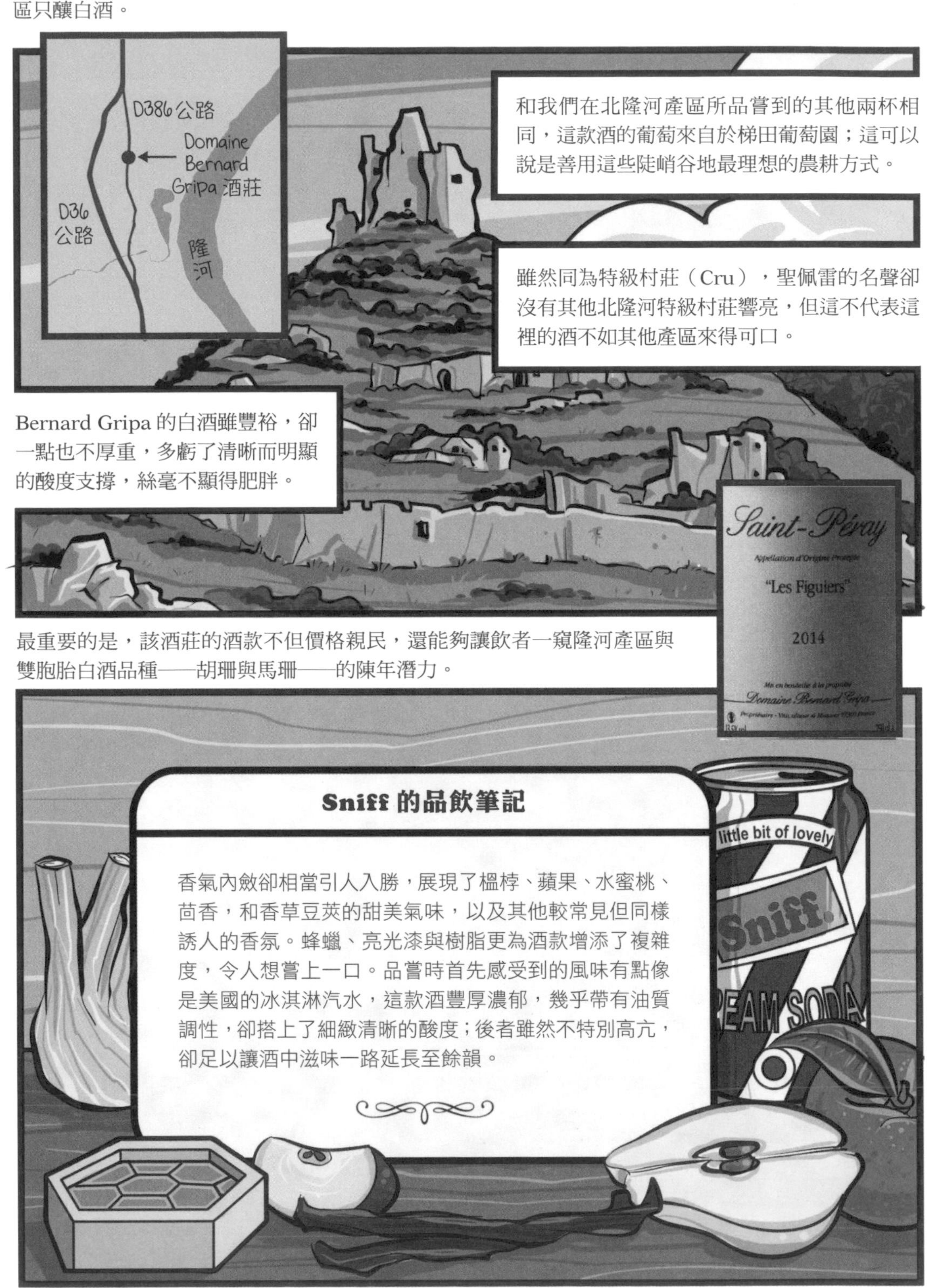
D386公路
Domaine Bernard Gripa 酒莊
D36公路
隆河
和我們在北隆河產區所品嘗到的其他兩杯相同，這款酒的葡萄來自於梯田葡萄園；這可以說是善用這些陡峭谷地最理想的農耕方式。
雖然同為特級村莊（Cru），聖佩雷的名聲卻沒有其他北隆河特級村莊響亮，但這不代表這裡的酒不如其他產區來得可口。
Bernard Gripa 的白酒雖豐裕，卻一點也不厚重，多虧了清晰而明顯的酸度支撐，絲毫不顯得肥胖。
Saint-Péray
Appellation d'Origine Protégée
"Les Figuiers"
2014
Domaine Bernard Gripa
最重要的是，該酒莊的酒款不但價格親民，還能夠讓飲者一窺隆河產區與雙胞胎白酒品種──胡珊與馬珊──的陳年潛力。
Sniff 的品飲筆記
香氣內斂卻相當引人入勝，展現了榲桲、蘋果、水蜜桃、茴香，和香草豆莢的甜美氣味，以及其他較常見但同樣誘人的香氛。蜂蠟、亮光漆與樹脂更為酒款增添了複雜度，令人想嘗上一口。品嘗時首先感受到的風味有點像是美國的冰淇淋汽水，這款酒豐厚濃郁，幾乎帶有油質調性，卻搭上了細緻清晰的酸度；後者雖然不特別高亢，卻足以讓酒中滋味一路延長至餘韻。
little bit of lovely
Sniff.

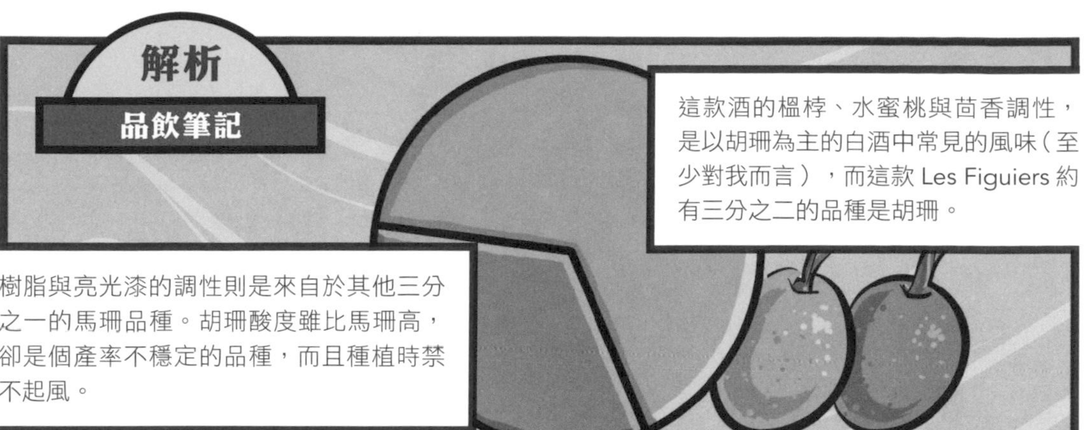
解析
品飲筆記
這款酒的榲桲、水蜜桃與茴香調性，是以胡珊為主的白酒中常見的風味（至少對我而言），而這款 Les Figuiers 約有三分之二的品種是胡珊。
樹脂與亮光漆的調性則是來自於其他三分之一的馬珊品種。胡珊酸度雖比馬珊高，卻是個產率不穩定的品種，而且種植時禁不起風。

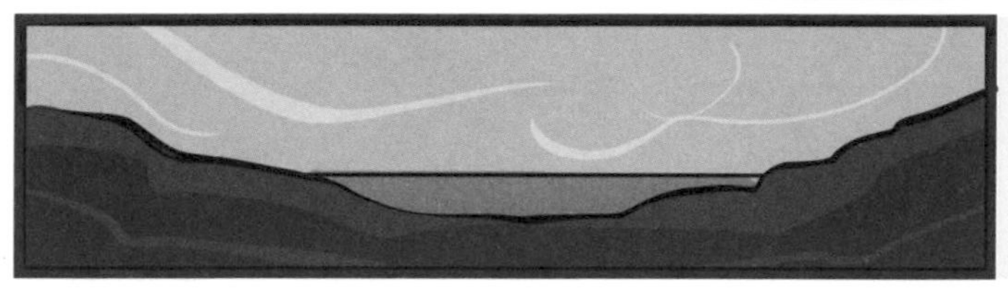

然而北隆河一年中絕大多數時間都得面對寒冷的 Mistral 風大肆砲轟，因此，相較於難搞的胡珊，許多酒農更傾向於種植產率穩定也比較好照顧的馬珊。

因此在當地，如這款以胡珊為主要調配品種的酒並不多見；這類酒款明顯而怡人的酸度，是以馬珊為主的酒款中較難得一見的特質。

照理來說，橡木桶味應該要像是使用得宜的香水，提升酒款的層次，而不是蓋過原有的風味；以這款酒來說，橡木桶正用得恰如其分。
酒中甜美的香草調性來自於酒款曾於法國橡木桶中培養一段時間所致，這風味與酒中其他滋味完美結合，絲毫不顯突兀。

酒中持續且令人憶起開心往事的濃郁風味，則是老藤葡萄（樹齡約 60 年不等）的傑作，至於葡萄園地塊的高品質，以及伯納德．葛力帕（Bernard Gripa）與兒子法畢斯（Fabrice）的高超釀酒技藝，自然也不在話下。

雖然現在（2017 年 7 月）嘗來已經非常可口，這款酒還沒到達適飲高峰，預計再放上 10 年表現會更出色。在等待它熟成的同時可以用恭得里奧（Condrieu）來解解渴，即下一杯要品嘗的隆河美酒⋯⋯

Glass
17
恭得里奧 Georges Vernay, Les Terrasses de l'Empire, Condrieu 2015, €€€€€
恭得里奧產區險峻的花岡岩陡坡上的梯田葡萄園，大概是你見過最令人嘆為觀止的農業奇蹟。
這與中國雲南或峇里島烏布（Ubud）的水稻田有異曲同工之妙；這是一種結合了敬畏與內疚的心情，因為你無需自己建造、維持或耕種這些陡峭的農田。

最初決心駕馭這些陡峭丘陵地並在此製作出可口葡萄酒的人，可能是想裝滿雙耳細頸酒罐的羅馬人；但讓恭得里奧發光發熱，成為當代葡萄酒明星產區的幕後功臣，則是一位更近代的人。

在我書寫的當下（2017 年 5 月），喬治．唯內（Georges Vernay）已與世長辭了。由於我一直想要推薦他品質穩定的優良美酒，這時候才介紹令人感到有些不勝唏噓。

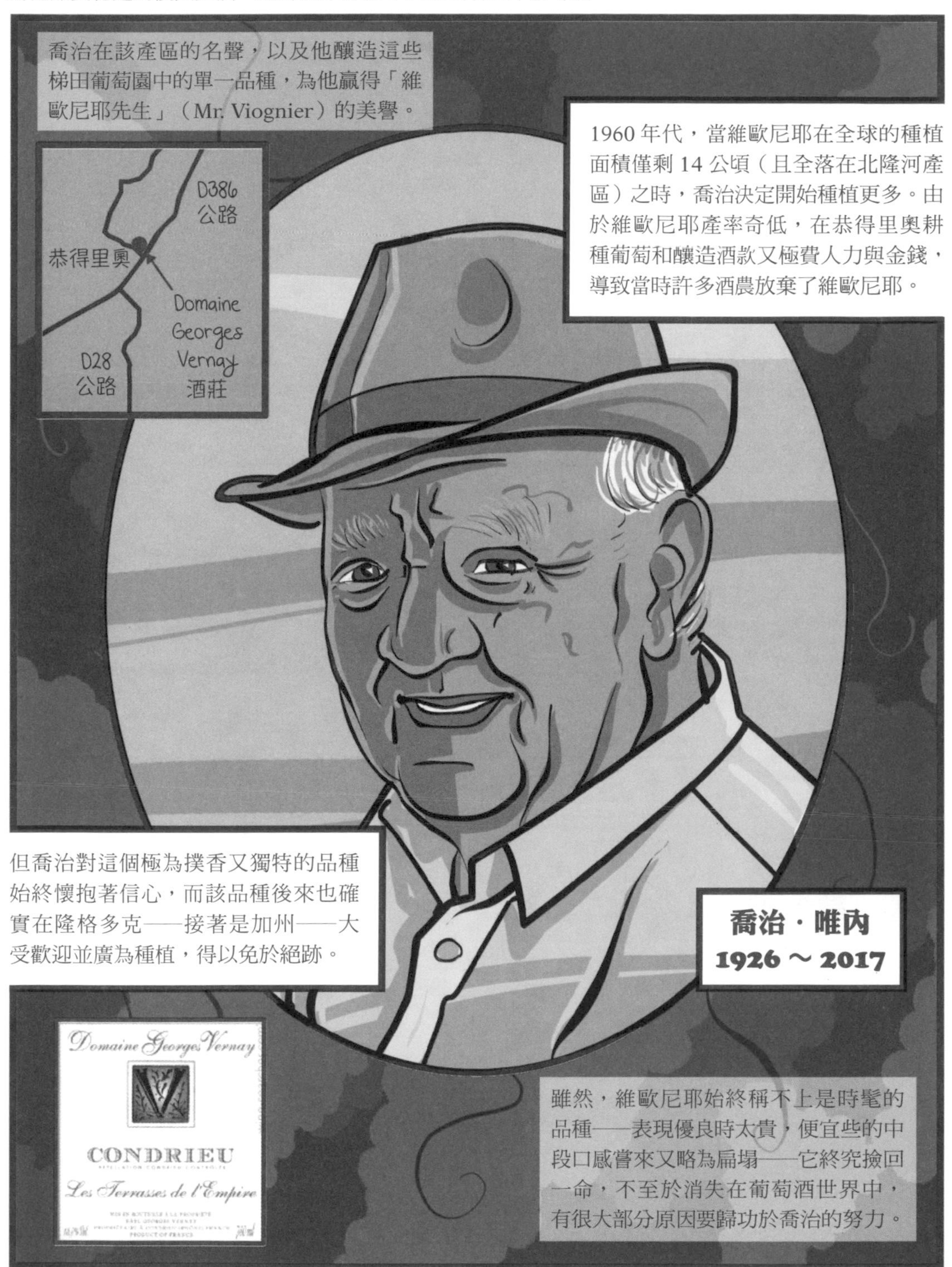
喬治在該產區的名聲，以及他釀造這些梯田葡萄園中的單一品種，為他贏得「維歐尼耶先生」（Mr. Viognier）的美譽。
D386 公路
恭得里奧
Domaine Georges Vernay 酒莊
D28 公路
1960 年代，當維歐尼耶在全球的種植面積僅剩 14 公頃（且全落在北隆河產區）之時，喬治決定開始種植更多。由於維歐尼耶產率奇低，在恭得里奧耕種葡萄和釀造酒款又極費人力與金錢，導致當時許多酒農放棄了維歐尼耶。
但喬治對這個極為撲香又獨特的品種始終懷抱著信心，而該品種後來也確實在隆格多克——接著是加州——大受歡迎並廣為種植，得以免於絕跡。
喬治．唯內
1926 ～ 2017
Domaine Georges Vernay
CONDRIEU
Les Terrasses de l'Empire
雖然，維歐尼耶始終稱不上是時髦的品種——表現優良時太貴，便宜些的中段口感嘗來又略為扁塌——它終究撿回一命，不至於消失在葡萄酒世界中，有很大部分原因要歸功於喬治的努力。

熱愛北隆河這撲香豐腴酒款的飲者，理應好好感謝喬治．唯內才是。

Sniff 的品飲筆記
極為撲香，滿載水蜜桃、金銀花、薄荷、茴香，並佐以些許擦傷綠色植物的味道（想像自己在雜草叢生的花園或矮樹叢中，試圖劈開一條路前進，手中僅有一根粗棍子作為開路工具）。雖然這些香氣已經夠引人入勝，但這款酒真正令人驚豔之處，是於口中所展現的魅力。它生氣勃勃的酸度不止撐起帶有成熟核果調性的濃郁酒體，還為酒款帶來緊緻度與幾分優雅。口感質地綿密而非帶有油性，餘韻怡人且風味綿長久久不散。這是恭得里奧酒款最優雅的一面，不同於平常見到的豐腴姿態，這款酒顯得較為纖細清瘦。
解析
品飲筆記
維歐尼耶引人入勝之處在於其天生的撲鼻香氣。不幸的是，這品種最理想的採收時機卻非常短暫。
在維歐尼耶達到「完美成熟」狀態的那幾天，會展現出春日花卉和夏末果香的誘人香氣，足以讓與眾不同的維歐尼耶由眾多品種中出列。
過了那幾天，葡萄的糖分會開始飆升，釀成的酒便僅剩大量香氣與酒精度，酸度與活力卻是令人失望地不見蹤影。
這款酒在成熟果香與年輕的酸度之間所展現的平衡，足以證明酒莊完美抓住了最佳採收時間。

這款酒輕巧的個性也源自酒莊在釀酒時所做的決定。當地許多釀酒業者會讓酸度已經偏低的維歐尼耶進入乳酸轉換（Malolactic Conversion，即 MLC，更多介紹請見第 19 杯）的階段。

雖然這能提升酒款複雜度，帶來如奶油般細緻的質地，偶而還會展現出堅果調性，卻也導致酒款酸度降低，因為酸度偏高的蘋果酸（malic acid）會在過程中轉換成酸度較柔和的乳酸（lactic acid）。

這款酒沒有展現出MLC的個性，但確實有滿覆口腔的綿密質地，證明這款酒曾與酵母渣浸泡（約8個月不等），並於木桶中培養。

Les Terrasses de l'Empire 的整體表現如此優良，難怪它這樣可口。最好的酒通常會展現出高雅的調性，以及些許優雅的氣質，只可惜有時候一些自恃甚高的釀酒人會忘了這點與風土的重要。

維歐尼耶的外貌確實常在第一次嗅聞時便清晰可見，最好的酒款通常也會伴以同樣濃郁的個性，這杯酒在口中延續的調性，便是最佳明證。

北隆河推薦酒單

第 15 杯：艾米達吉紅酒

1. M Chapoutier 'L'Ermite' €€€€€ +
2. Domaine Jean-Louis Chave €€€€€ +
3. Yann Chave €€€€€ +
4. Paul Jaboulet Aîné 'La Chapelle' €€€€€ +
5. Marc Sorrel 'Le Gréal' €€€€€ +
6. Cave de Tain €€€€€

第 16 杯：聖佩雷

1. Yves Cuilleron 'Les Cerfs' €€€
2. Domaine du Tunnel €€€
3. François Villard 'Version Longue' €€€
4. Alain Voge 'Fleur de Crussol' €€€

第 17 杯：恭得里奧

1. André Perret 'Clos Chanson' €€€€
2. Yves Cuilleron 'Les Chaillets' €€€€€
3. Guigal 'La Doriane' €€€€€ +
4. René Rostaing 'La Bonnette' €€€€€ +
5. Stéphane Montez 'Les Grands Chaillées' €€€

技術篇 2
有機／生物動力法

有機

本書介紹的酒款，有不少是以有機與／或生物動力農法釀成，其中一些釀酒業者會在自家網站中清楚明示，但也有較不在乎大眾看法的酒莊，雖然施行有機農法種植或釀酒，卻不會為了證明自己的信念特別去申請認證。

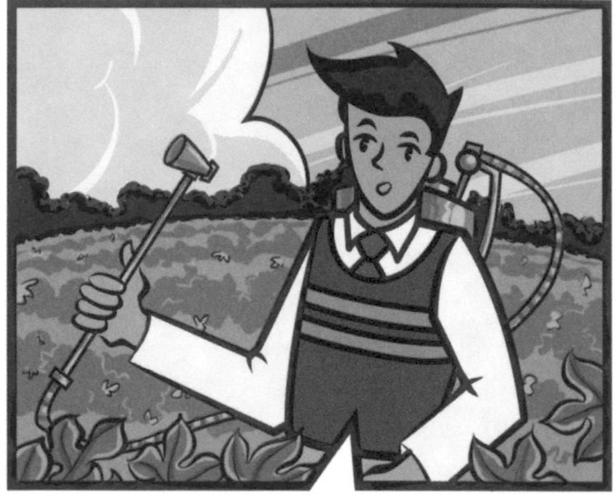

對於某些消費者而言，不施行有機農法意味著使用合成殺菌藥劑、殺蟲劑與肥料等，等於觸犯了環境永續經營的大忌。但要許多業者戒除使用這些有效「工具」的習慣，還真是難上加難。*

為什麼？

首先，如今三大傳播最廣也衍生出最多問題的黴菌或病原體中，有兩者源自於北美東岸，即白粉病（powdery mildew）與露菌病（downy mildew）。十九世紀時，這兩種黴菌意外傳播到歐洲，然而歐洲種葡萄（Vitis Vinifera）——即本書中介紹的所有釀酒品種——卻沒有發展出抵抗這些病菌的能力。由於潮濕與／或降雨是傳播或滋生這兩種黴菌最關鍵的要素，因此，在葡萄園內維持開放式的樹冠以利通風和乾燥，可以說是所有酒農最重視的任務（如同第 50 頁〈葡萄園之中：樹冠管理〉所提及）。

面對這些黴病可能帶來的葡萄產量流失、果實品質降低，以至於酒款品質跟著低落（更不用提酒莊可能因此面臨的經濟困境），也難怪許多業者轉求農用化學品，希望能更有效地根除黴病。

事實上，絕大多數秉著良心釀酒的業者在力圖釀出最佳酒款的同時，也完全理解尊重土地的重要；我相信本書提及的 33 款酒的業者都是如此。雖然葡萄園是連作生產（mono-culture），本書的許多釀酒業者都成功彰顯出他們的耕作能與當地的動植物群共生。然而，想達到這個目的，酒農需要隨時保持警戒，並花上許多時間照顧土地才行。

想喝「永續經營」葡萄園所釀的酒，也希望業者對於環境保育有些概念，自然要付出更多鈔票；你不應該抗議一瓶對環境友善的「好酒」要價至少 10 歐元。

生物動力法

如同許多沒有科學根據的事物，許多人認為生物動力法不過是無稽之談。生物動力法源自魯道夫・史坦納（Rudolph Steiner）的論述與指導，建議酒農參考陰曆的特定時間，將依順勢療法種植並製作的藥草（草本茶）和嘌呤（purin，即液態糞肥）施於葡萄樹和土地上。我在品嘗後發現，許多施行生物動力法釀出的葡萄酒確實非常優秀。我無從得知這個方法是真的管用，還是因為這些業者多半非常照顧土地。就好像我總是能夠察覺哪些人在 8 月 22 日至 9 月 22 日之間出生一樣（處女座），也許有些事就是難以明述。

DEMETER
BIODYVIN
ECO CERT

要找生物動力法釀的葡萄酒，不妨注意酒標上是否有這些標示；它們都是認證生物動力法的權威機構。

Ecocert 可能是有機葡萄酒酒標上最常見的認證機構。

* 注：有機與生物動力農耕法都可以使用以天然元素製成的噴劑，如銅與硫。錯誤使用或使用過當（特別是銅），則可能危及甚至毒害當地環境與土壤。

薄酒來 Beaujolais

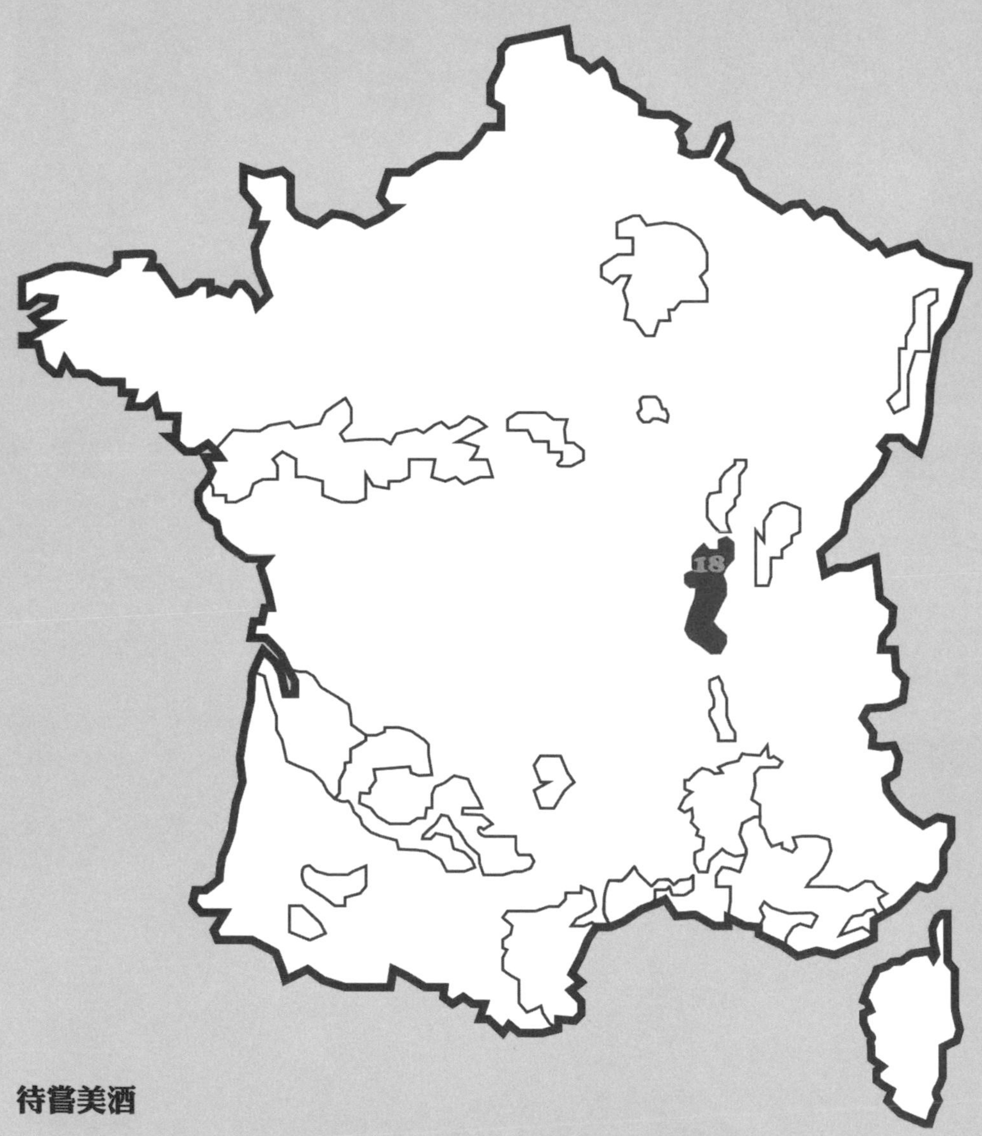
18

待嘗美酒

18. Domaine Lafarge-Vial, Clos de Vernay, Fleurie 2014

薄酒來最倒楣的事，就是坐落於全球最偉大的兩個產區之間。南邊有北隆河，北邊則是布根地，難怪這個景致美麗的坡地產區總是不被當成一回事，成了劣質酒的供應地而非美酒產區。

布根地

薄酒來

北隆河

弗勒莉 (Fleurie)

事實上，比起布根地與北隆河的主要品種（高貴的黑皮諾與希哈），薄酒來的主要品種加美（Gamay）確實比較像是市井小民而非貴族。既沒有皮諾芳香，也沒有希哈誘人，卻不代表加美不是超群的品種。

薄酒來北邊的土壤以花岡岩和片岩為主。種在這種貧瘠又會抑制葡萄生長力的土地時，加美常能展現出優異的一面，釀出既芳香又誘人的酒款，正如同它的兩個鄰居一般。

況且將薄酒來平庸的名聲怪罪於加美，其實低估了薄酒來新酒（Beaujolais Nouveau）對北部丘陵等較優秀特級村莊酒款所造成的「傷害」。

舉例來說，從小在英國長大的我，就認識不少將台灣與廉價品生產地劃上等號的人，更不用提以前每一個隨聖誕餅乾附贈的劣質塑膠小玩具上，都驕傲地標示了「台灣製造」的字樣。即便台灣如今的產業龍頭已轉為高科技電子業，卻依舊難以擺脫這臭名。

薄酒來也有類似的困擾。無論價格、釀酒或行銷，薄酒來新酒都頗能令人接受，也相對成功，但卻導致許多人誤以為這就是薄酒來的全部。事實上不然，正如同我們的第 18 杯即將證實。

Glass
18
弗勒莉 Domaine Lafarge-Vial, Clos de Vernay, Fleurie 2014, €€€€
提到 Lafarge，想到的多半是布根地伯恩丘（Côte de Beaune）優雅的沃爾內（Volnay）美酒，但費得里克·拉法日（Fréderic Lafarge）與妻子香特爾（Chantal，娘家姓 Vial）一直希望能創造一個屬於夫妻倆的酒莊，Lafarge-Vial 便因此誕生於弗勒莉（Fleurie）特級村莊。
決定介紹這家年輕酒莊（首個年分為 2014 年）時，我很清楚有些人可能會感到納悶，這種新貴酒莊能否真實表現出弗勒莉這類歷史產區的風貌。
簡單來說，酒莊占地 1.3 公頃的 Clos de Vernay 葡萄園坐向朝東南，土壤以貧瘠的花岡岩為主，約莫 40 年樹齡的葡萄藤可不是新興酒莊都有的，而這對於釀成酒款自然有莫大的助益。
正如同費得里克的父親麥可（Michel）在家鄉沃爾內的酒莊釀造了超過 35 個年分一般，不得不說，費得里克與香特爾雖然初來乍到薄酒來，對於如何釀出偉大好酒卻非門外漢。

就很多方面而言，沃爾內高雅多香的特質就猶如金丘（Cote d'Or）的弗勒莉。費得里克一貫細緻的釀酒手藝，更充分展現這座葡萄園的花香調性，讓後者與沃爾內展現了更多相似之處。

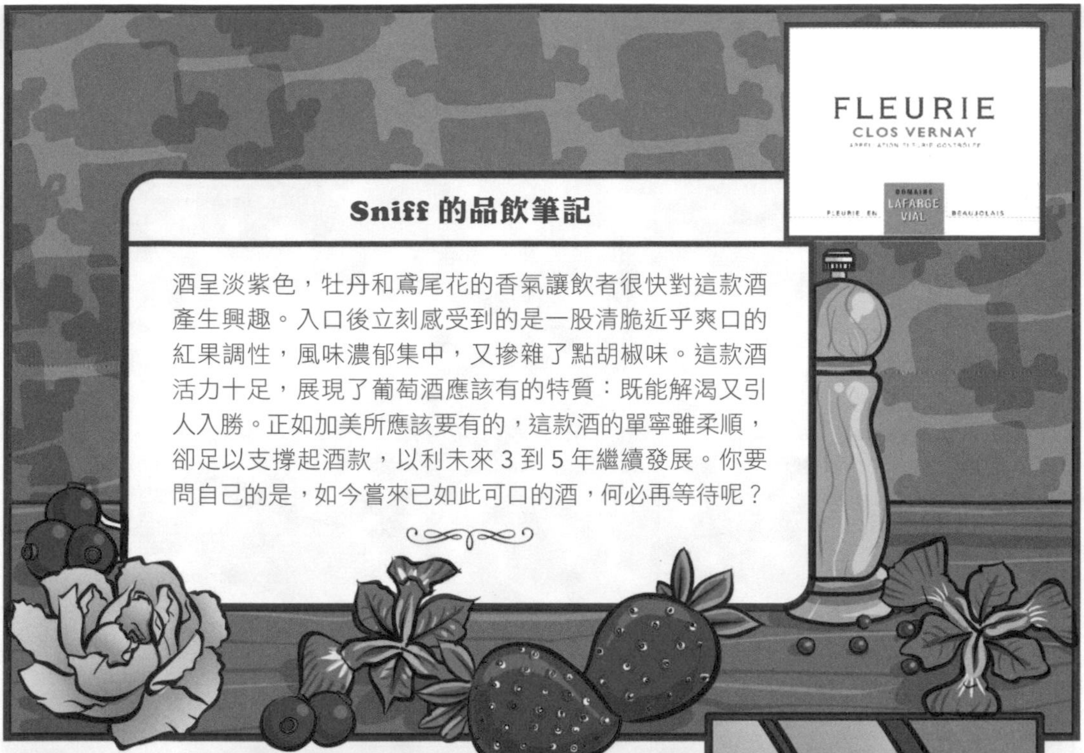

FLEURIE
CLOS VERNAY
DOMAINE LAFARGE VIAL

Sniff 的品飲筆記

酒呈淡紫色，牡丹和鳶尾花的香氣讓飲者很快對這款酒產生興趣。入口後立刻感受到的是一股清脆近乎爽口的紅果調性，風味濃郁集中，又摻雜了點胡椒味。這款酒活力十足，展現了葡萄酒應該有的特質：既能解渴又引人入勝。正如加美所應該要有的，這款酒的單寧雖柔順，卻足以支撐起酒款，以利未來 3 到 5 年繼續發展。你要問自己的是，如今嘗來已如此可口的酒，何必再等待呢？

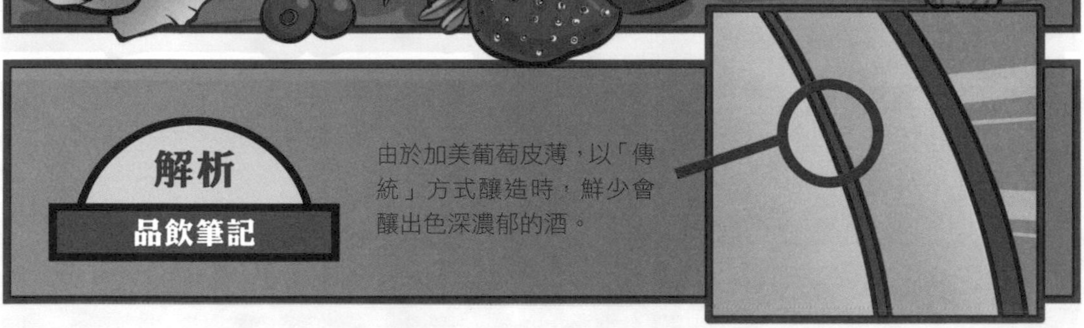

解析
品飲筆記

由於加美葡萄皮薄，以「傳統」方式釀造時，鮮少會釀出色深濃郁的酒。

這在希露柏勒（Chiroubles）、聖艾姆（St. Amour）、黑尼耶（Régnié）以及這款酒等以風格清淡聞名的特級村莊而言，尤其如此。因為皮薄，單寧量較少，酒款的口感自然較為細緻柔順。

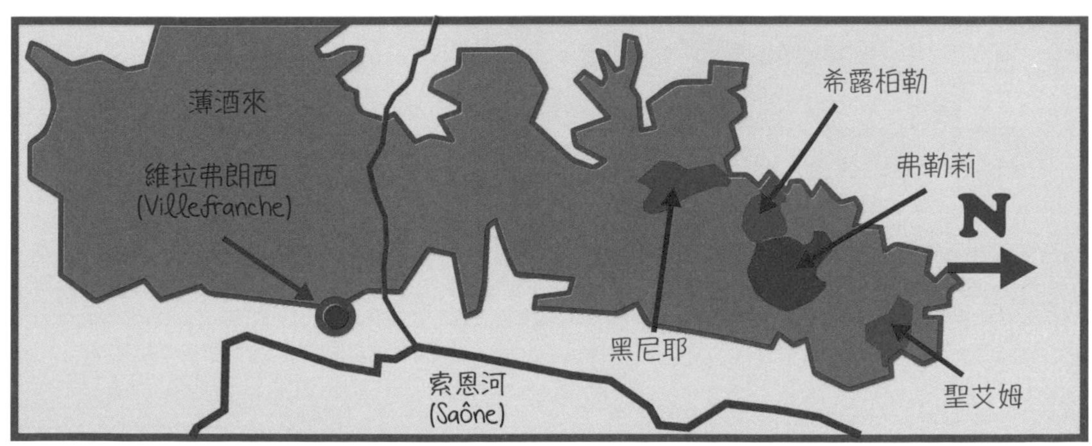
薄酒來
維拉弗朗西
(Villefranche)
希露柏勒
弗勒莉
N
黑尼耶
索恩河
(Saône)
聖艾姆

這款酒的花香調性是品質優良的加美常出現的特質，特別是當釀酒人刻意保留酒中的花香時。
如同許多薄酒來的釀酒人，費得里克刻意避開新橡木桶，只以舊桶培養酒款，以確保酒款能夠呼吸，不被木桶所帶來的風味或香氣影響。
酒款濃郁集中的果香，是貧瘠的花岡岩土壤限制葡萄園產率的結果，
這與葡萄園坐向朝東南能獲得大量日照與溫暖也有關聯；這是位於北半球的葡萄園最理想的坐向。
除此之外，2014 年又是薄酒來的好年分；表示當年的果實在採收時達到完美的成熟度。如果找不到 2014 年的酒，2015 年的也同樣可口。

決定這款酒何時適飲，完全是個人選擇，無對錯之分。如果你喜愛生氣勃勃且個性外放的弗勒莉，不妨於接下來幾年（我下筆時是 2017 年 4 月）享用這款酒。如果你偏好帶點鹹鮮滋味和乾燥花香的弗勒莉，這款酒同樣能滿足你的需求，前提是要有耐性，但建議你別碰運氣，記得在 2022 年前飲畢。

薄酒來推薦酒單

第 18 杯（針對薄酒來，我不特別區分特級村莊或村莊級的酒款）

1. Louis Jadot 'Beaujolais-Villages' €€
2. Jean Paul Brun, Moulin-a-Vent 'Les Thorins' €€€
3. Domaine Labruyère, Moulin-a-Vent 'Clos du Moulin-a-Vent' €€€
4. Domaine Paul Janin, Moulin-a-Vent 'Les Vignes du Tremblay' €€
5. Jean Foillard, Fleurie €€
6. Yvon Métras, Fleurie 'Le Printemps' €€€
7. Château des Jacques, Morgon 'Côte du Py' €€€
8. Domaine Jean-Marc Burgaud, Morgon 'Côte du Py' €€
9. Domaine Mee Godard, Morgon 'Corcelette' €€
10. Château Thivin, Côte de Brouilly 'Cuvée Zaccharie' €€€€

布根地 Burgundy

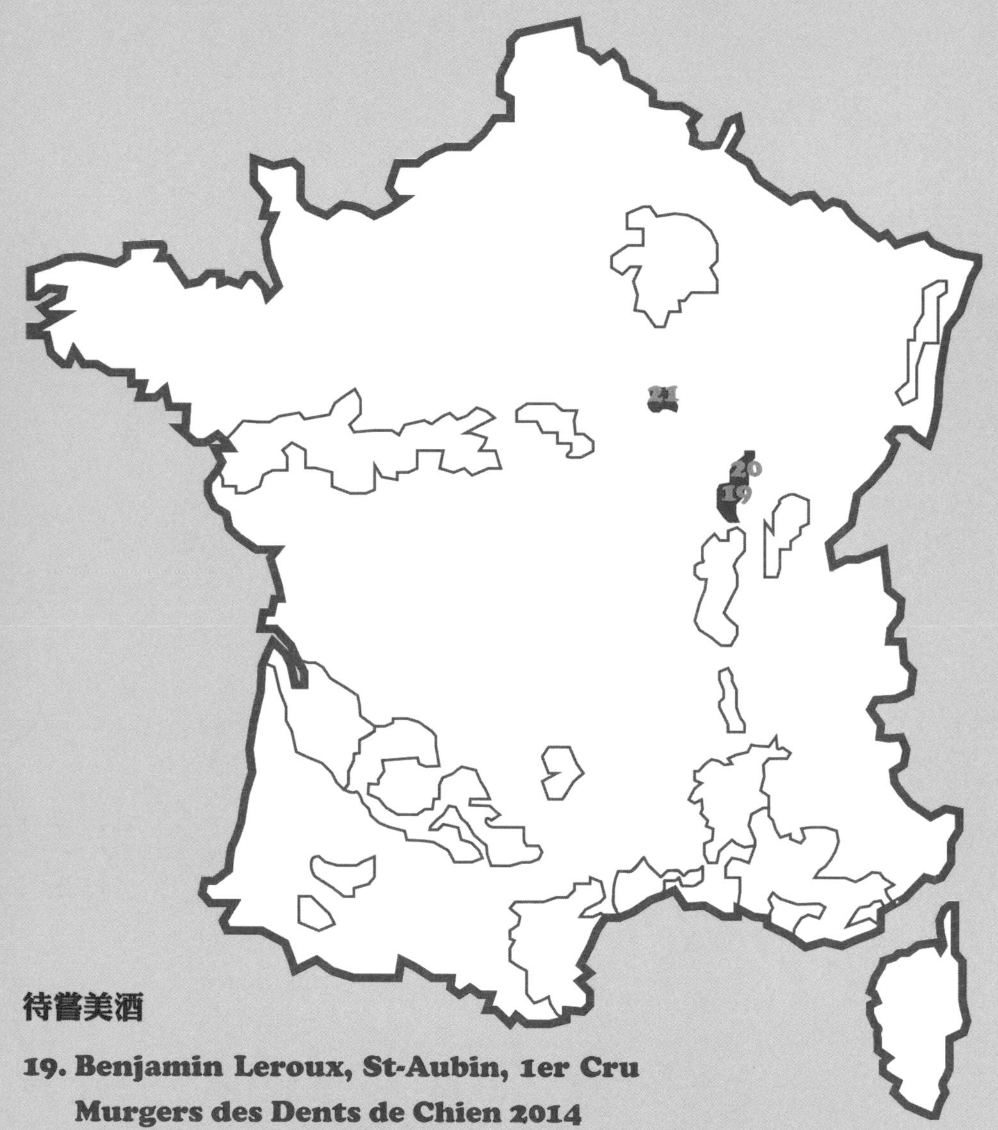
21
20
19

待嘗美酒

19. Benjamin Leroux, St-Aubin, 1er Cru Murgers des Dents de Chien 2014

20. Domaine Georges Mugneret-Gibourg, Nuits-Saint-Georges, 1er Cru Les Chaignots 2012

21. Domaine Billaud-Simon, Chablis 1er Cru, Montée de Tonnerre 2014

全世界沒有任何單一產區像布根地般如此受到崇敬與景仰，並擁有不斷累積成長的全球粉絲群。

這不是一個面積特別大的產區，以第戎（Dijon）為中心——如果把既遙遠又獨特的夏布利（Chablis）周邊產區也納入——布根地從最北界到與薄酒來接壤的最南端，總長不過 135 公里。

往夏布利
第戎
伯恩
(Beaune)
布根地
薄酒來
它也是個狹窄的產區，最出名的葡萄園坐落於坡地面東的邊陲，獲得大量日照；以緯度偏北的布根地而言，葡萄園坐落於能夠獲得日照的位置，對於葡萄的成熟至關重要。
那麼，這個產區最優異的酒為什麼會如此受到崇敬呢？因為當你選對酒時，布根地的夏多內（Chardonnay）與黑皮諾會是你所喝過最棒的。
時機是布根地最大的賭注。任何豪賭者、投機客或探險家，都難以抗拒這種待發掘財富的允諾。*
那些跨足布根地過往與現今的傳奇酒款和釀酒業者，往往能讓布根地葡萄酒愛好者付出鉅額代價，以換取這樣的承諾。
他們盼望的是什麼？自然是軟木塞下如同愛馬仕絲巾一般細柔的美釀：那細緻如絲緞般輕撫著口腔，獨特且奢華，還有著綿延不斷芬芳香氣的好酒。

* 譯注：作者指的是酒款的陳年潛力（也可能包含陳年後價格水漲船高的投資潛力），即下兩段內容。

然而由於當地葡萄園擁有權極為破碎，風土又非常多元，這些愛好者的「盼望」並不總能夠實現。

哲維瑞一香貝丹

例如，最有名的村莊哲維瑞一香貝丹（Gevrey-Chambertin）就有 8 個特級園（Grand Cru），若把馬若耶爾一香貝丹（Mazoyères-Chambertin）與夏姆一香貝丹（Charmes-Chambertin）分開算則有 9 個，另有 26 個一級園（Premier Cru／1er Cru），及多達 65 個法國稱為「留地」（Lieux-Dits）的各別地塊。雖不全然都有官方認證，但通常被視為獨特地塊，名稱常與村莊名一同出現在酒標上。

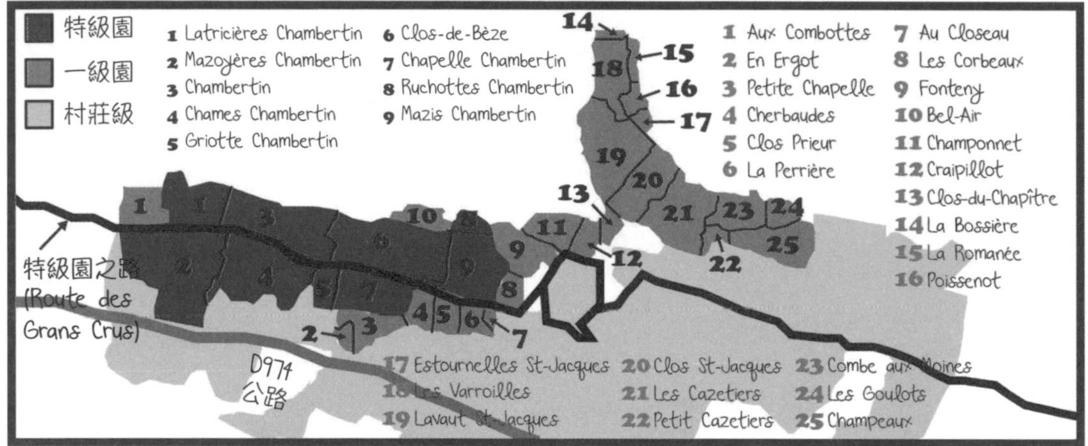

特級園
一級園
村莊級
1 Latricières Chambertin
2 Mazoyères Chambertin
3 Chambertin
4 Chames Chambertin
5 Griotte Chambertin
6 Clos-de-Bèze
7 Chapelle Chambertin
8 Ruchottes Chambertin
9 Mazis Chambertin
1 Aux Combottes
2 En Ergot
3 Petite Chapelle
4 Cherbaudes
5 Clos Prieur
6 La Perrière
7 Au Closeau
8 Les Corbeaux
9 Fonteny
10 Bel-Air
11 Champonnet
12 Craipillot
13 Clos-du-Chapître
14 La Bossière
15 La Romanée
16 Poissenot
17 Estournelles St-Jacques
18 Les Varroilles
19 Lavaut St-Jacques
20 Clos St-Jacques
21 Les Cazetiers
22 Petit Cazetiers
23 Combe aux Moines
24 Les Goulots
25 Champeaux
特級園之路
(Route des Grans Crus)
D974 公路

這讓消費者能夠以哲維瑞一香貝丹為主題品飲，分別品嘗村莊內多達 100 個來自不同地塊的酒款風味。讓情況更複雜的是，由於當地鮮少有業者獨佔一塊地——這種地塊稱為獨佔園（monopoly）——因此消費者事實上可以品嘗到的酒款遠超過 100 款。舉例來說，由於香貝丹園（Chambertin）分別由 20 家不同的業者所擁有，理論上，你可以品嘗到 20 種不同詮釋香貝丹風土的酒款。

如果這已經開始讓你覺得不是優點，反而像複雜難解的數學題，別擔心，你不需要分別嘗試並記得這些不同的葡萄園與其特出之處，只管好好享受這個地區的葡萄酒即可。

你只需要選定一個價位帶，嘗試來自不同村莊與釀酒業者的酒款；通過品飲，你自然會建立起自己對於布根地的看法，而這觀感也會隨著時間拉長而愈發具象，並讓你受益良多。

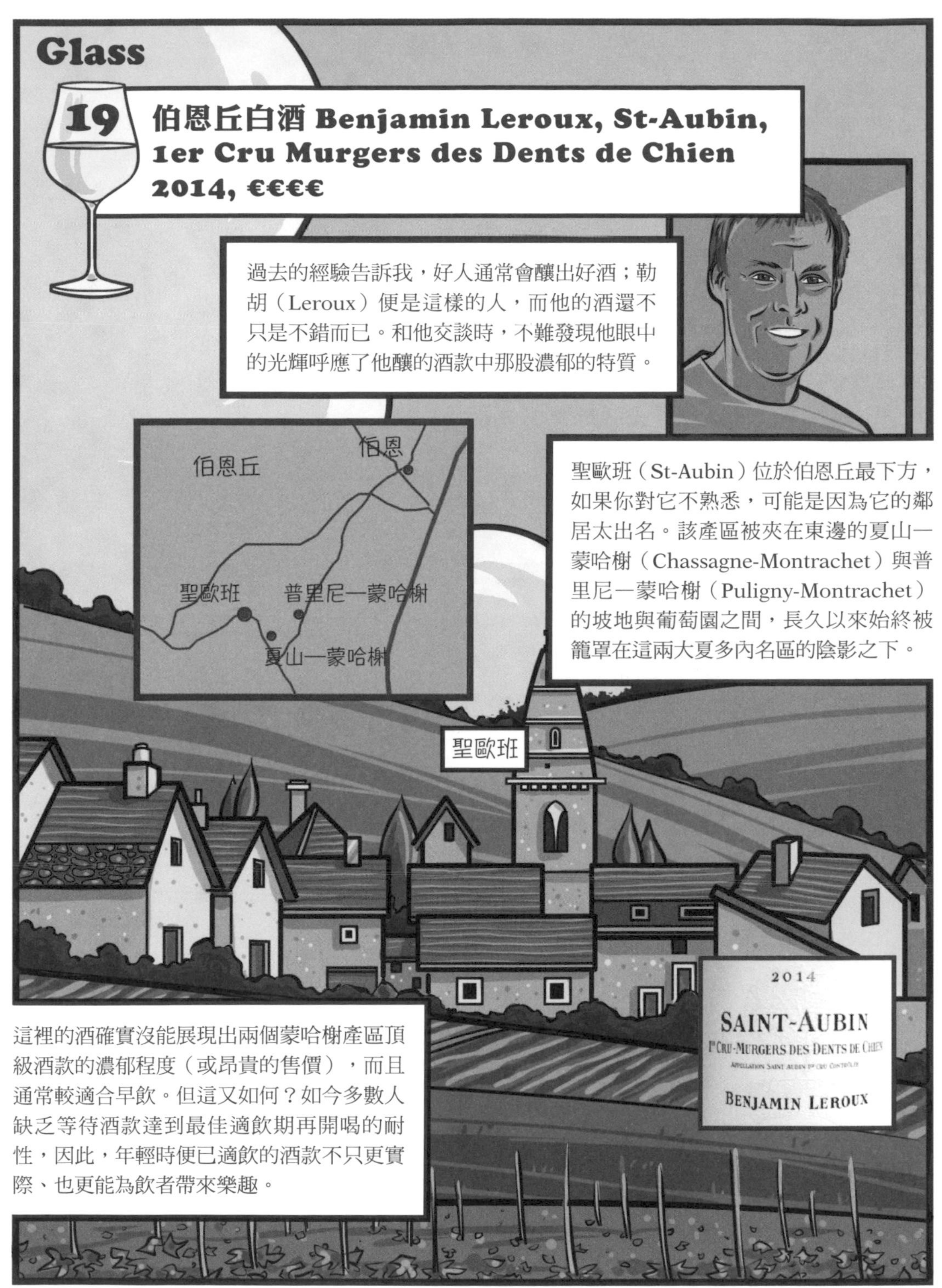
Glass
19
伯恩丘白酒 Benjamin Leroux, St-Aubin, 1er Cru Murgers des Dents de Chien 2014, €€€€
過去的經驗告訴我，好人通常會釀出好酒；勒胡（Leroux）便是這樣的人，而他的酒還不只是不錯而已。和他交談時，不難發現他眼中的光輝呼應了他釀的酒款中那股濃郁的特質。
伯恩丘
伯恩
聖歐班
普里尼一蒙哈榭
夏山一蒙哈榭
聖歐班（St-Aubin）位於伯恩丘最下方，如果你對它不熟悉，可能是因為它的鄰居太出名。該產區被夾在東邊的夏山一蒙哈榭（Chassagne-Montrachet）與普里尼一蒙哈榭（Puligny-Montrachet）的坡地與葡萄園之間，長久以來始終被籠罩在這兩大夏多內名區的陰影之下。
聖歐班
2014
SAINT-AUBIN
1er CRU-MURGERS DES DENTS DE CHIEN
BENJAMIN LEROUX
這裡的酒確實沒能展現出兩個蒙哈榭產區頂級酒款的濃郁程度（或昂貴的售價），而且通常較適合早飲。但這又如何？如今多數人缺乏等待酒款達到最佳適飲期再開喝的耐性，因此，年輕時便已適飲的酒款不只更實際、也更能為飲者帶來樂趣。

而這款狗牙一摩杰爾園（Murgers des Dents de Chien）正好落於上述的兩者之間；既是現在嘗來已經很可口的昂貴酒款，也具有繼續窖藏的緊緻度和活力，是能大大獎勵有自制力與耐心飲者的類型。

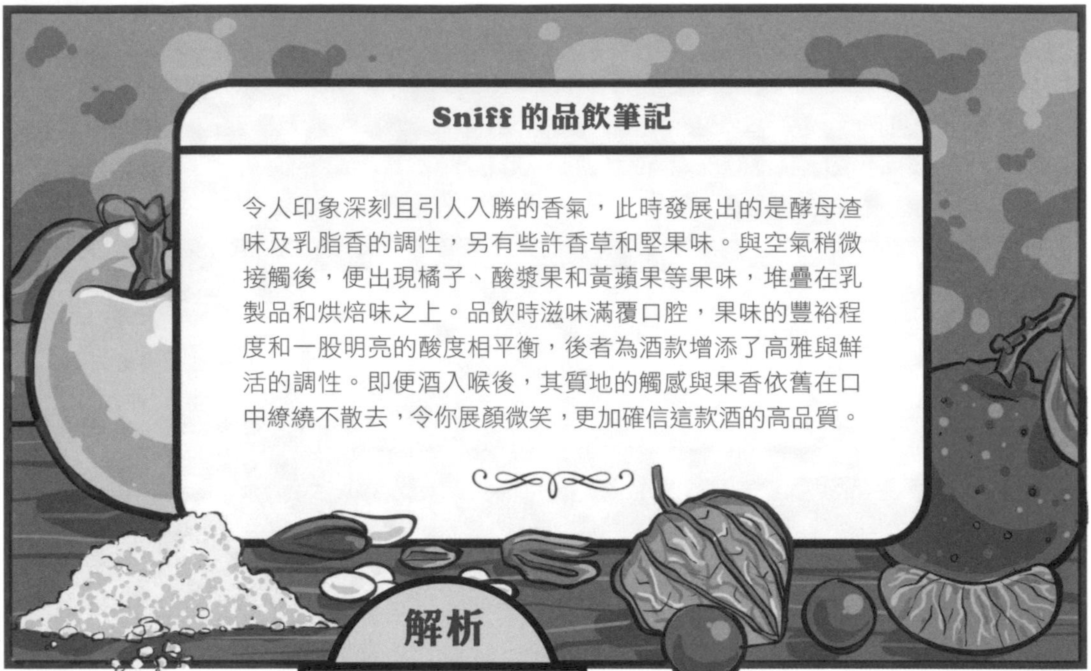

Sniff 的品飲筆記

令人印象深刻且引人入勝的香氣，此時發展出的是酵母渣味及乳脂香的調性，另有些許香草和堅果味。與空氣稍微接觸後，便出現橘子、酸漿果和黃蘋果等果味，堆疊在乳製品和烘焙味之上。品飲時滋味滿覆口腔，果味的豐裕程度和一股明亮的酸度相平衡，後者為酒款增添了高雅與鮮活的調性。即便酒入喉後，其質地的觸感與果香依舊在口中繚繞不散去，令你展顏微笑，更加確信這款酒的高品質。

解析

品飲筆記

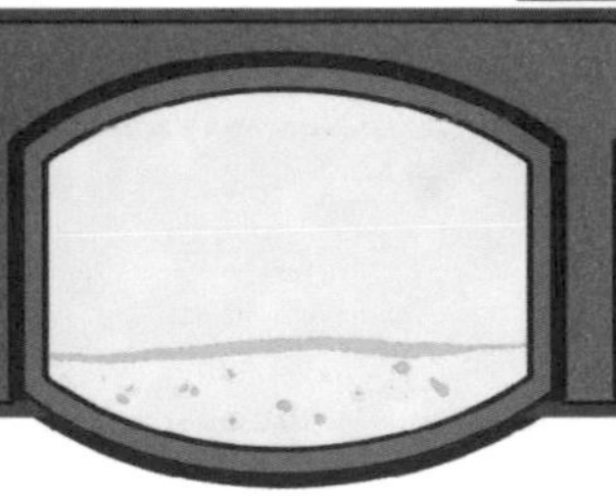

乳脂及酵母渣的調性，無疑導因於酒款曾在木桶中與酵母渣額外培養而來（詳見第 3 杯的解說）。

曾經過乳酸轉換（簡稱 MLC）的酒，也會展現出這些香氣（連同堅果香）。

如果釀酒人沒有刻意阻止，絕大多數的酒款——紅、白酒皆然——都會自然經歷這個過程。簡單來說，這就是活菌將酒中較強勁緊澀的蘋果酸，轉換成較為柔和的乳酸的過程。

MLC 不只軟化了口中酸度的感受，更會為酒款增添一些香氣分子，如奶油或（以這款酒而言）堅果的香氛。至於調配過程中有多少 MLC 酒款要加入未經 MLC 的酒款，則考驗著釀酒人的技藝。
任何釀酒人想達到的目標，無非是釀出酸度、風味與酒體皆達理想平衡點的最佳酒款。勒胡認為 2014 年分的酒酸度夠高，因此禁得起百分之百乳酸轉換。
在用桶方面，勒胡也採取類似的作法。2014 年的酒款中，僅有六分之一是新橡木桶，調配後的酒款自然如我們於杯中所見，香草調性顯得較為細緻內斂。
甜美的柑橘、柳丁、酸漿果味與成熟蘋果的調性，是典型的夏多內風味，而這風格又以伯恩丘的夏多內尤甚。酒款濃郁的程度與豐裕的調性伴以鮮活度，則是聖歐班表現最佳的酒款才有的特色。
這個年分的天候也幫了不少忙。2014 年的葡萄既成熟、個性又鮮明，而種植在如狗牙一摩杰爾園的優質地塊，年分個性自然更加明顯。但這塊葡萄園有何特殊之處？
2014

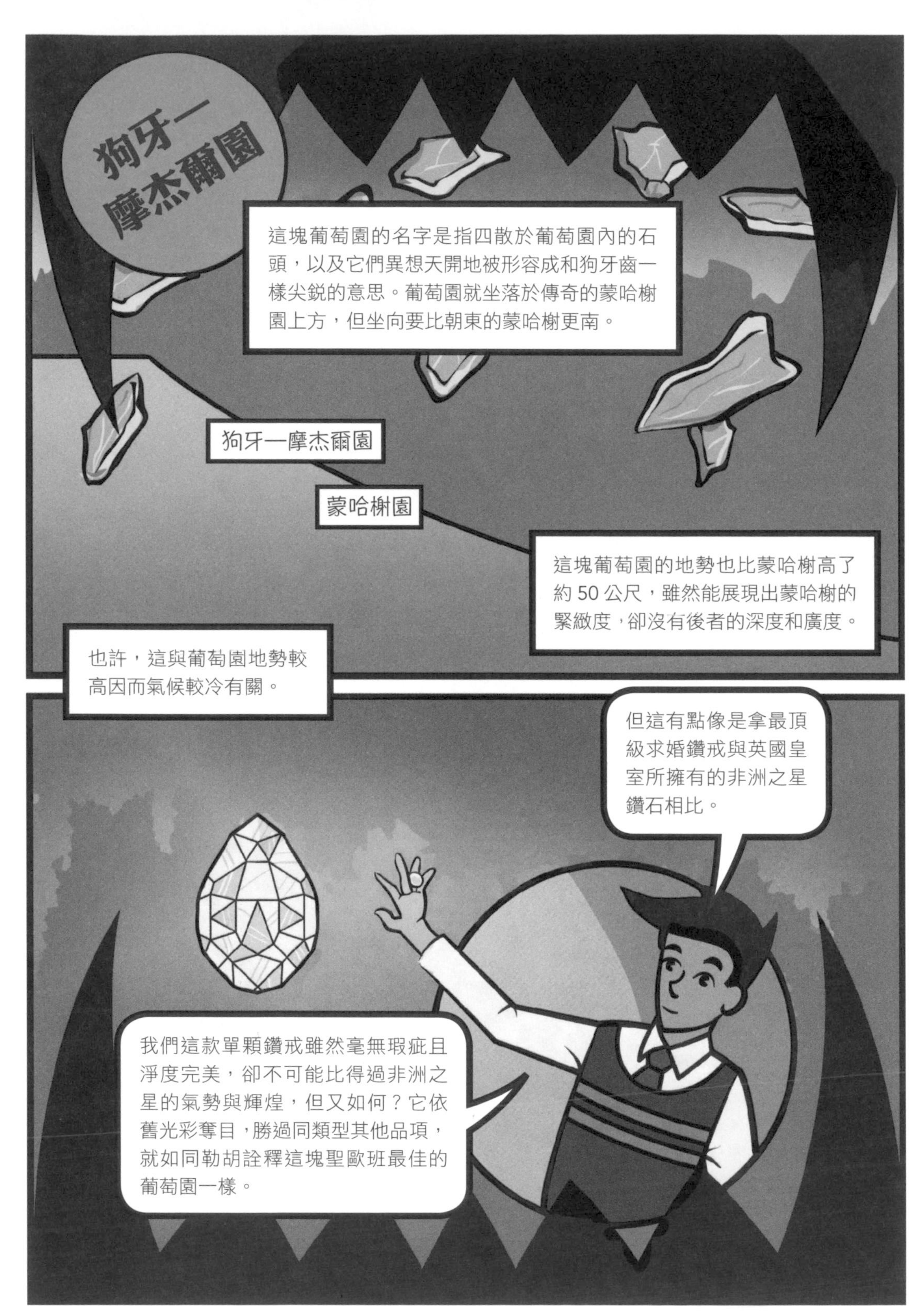
狗牙一摩杰爾園
這塊葡萄園的名字是指四散於葡萄園內的石頭，以及它們異想天開地被形容成和狗牙齒一樣尖銳的意思。葡萄園就坐落於傳奇的蒙哈榭園上方，但坐向要比朝東的蒙哈榭更南。
狗牙一摩杰爾園
蒙哈榭園
這塊葡萄園的地勢也比蒙哈榭高了約 50 公尺，雖然能展現出蒙哈榭的緊緻度，卻沒有後者的深度和廣度。
也許，這與葡萄園地勢較高因而氣候較冷有關。
但這有點像是拿最頂級求婚鑽戒與英國皇室所擁有的非洲之星鑽石相比。
我們這款單顆鑽戒雖然毫無瑕疵且淨度完美，卻不可能比得過非洲之星的氣勢與輝煌，但又如何？它依舊光彩奪目，勝過同類型其他品項，就如同勒胡詮釋這塊聖歐班最佳的葡萄園一樣。

Glass
20
夜丘紅酒 Domaine Georges Mugneret-Gibourg, Nuits-Saint-Georges, 1er Cru Les Chaignots 2012, €€€€€ +
不管你要找的是夏多內或黑皮諾，在這名稱取得非常適切的金丘產區裡，擁有選擇多到令人眼花撩亂的酒款。
但要選出一瓶代表布根地的皮諾，這杯酒勢必得展現出黑皮諾愛好者讚不絕口的香氣特性。
它還必須帶有一些勁道，因為這能夠支撐起秀麗酒體的骨架，正是讓布根地的黑皮諾被譽為全球最偉大黑皮諾的原因。過去，我對於這品種在全球的表現多有批評。
細看許多來自其他產區的黑皮諾，會發現它們過於奔放的果味像是舞台濃妝一般，遠觀還算美麗，近看時才發現完全沒有細緻度可言。不過，第 20 杯酒完全沒有這類問題。
第戎
夜聖喬治
伯恩
從聖歐班向北往夜聖喬治（Nuits-Saint-Georges）的路既短又甜美。若取道縱切丘陵地的D973公路，會經過奧塞－都黑斯（Auxey-Duresses）與蒙蝶利（Monthélie）兩個小村。繞過梅索（Meursault）外圍，便來到相鄰的沃爾內村與玻瑪村（Pommard），接著則是美麗的小鎮伯恩（Beaune）；這裡是駐足停留享受午餐的完美地點。
夜聖喬治

離開伯恩後，會在視線左側看到高登（Corton）的丘陵地，再十分鐘左右便會來到夜聖喬治，即夜丘（Côte de Nuits）產區的第一站。

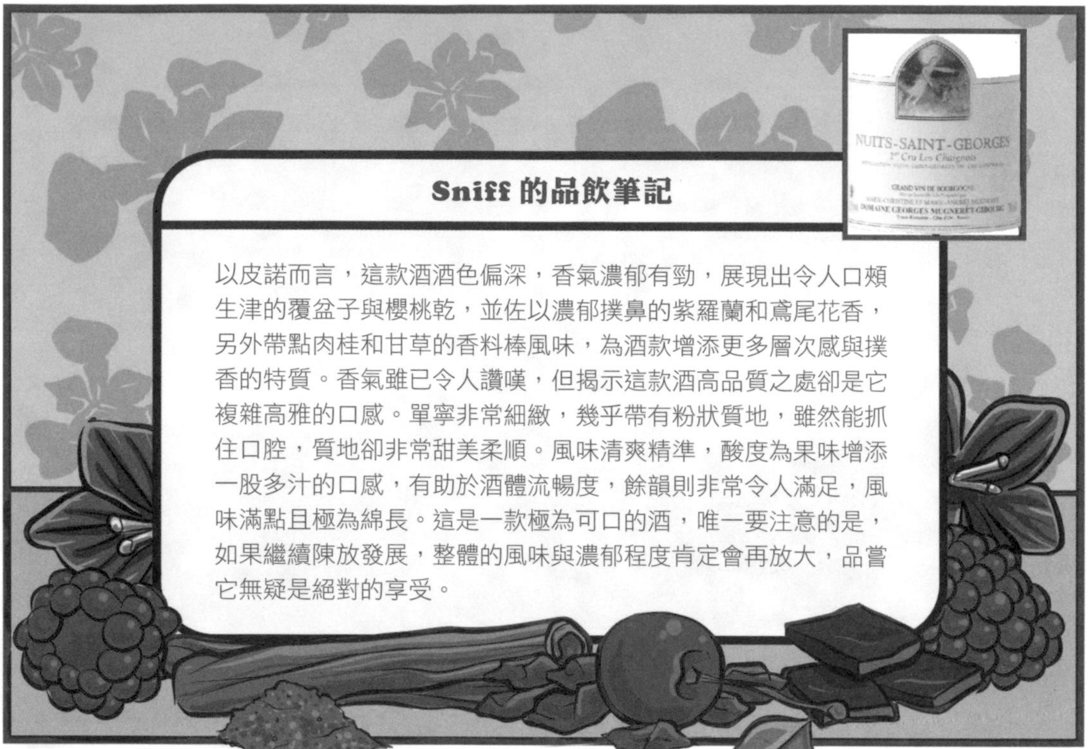

Sniff 的品飲筆記

以皮諾而言，這款酒酒色偏深，香氣濃郁有勁，展現出令人口頰生津的覆盆子與櫻桃乾，並佐以濃郁撲鼻的紫羅蘭和鳶尾花香，另外帶點肉桂和甘草的香料棒風味，為酒款增添更多層次感與撲香的特質。香氣雖已令人讚嘆，但揭示這款酒高品質之處卻是它複雜高雅的口感。單寧非常細緻，幾乎帶有粉狀質地，雖然能抓住口腔，質地卻非常甜美柔順。風味清爽精準，酸度為果味增添一股多汁的口感，有助於酒體流暢度，餘韻則非常令人滿足，風味滿點且極為綿長。這是一款極為可口的酒，唯一要注意的是，如果繼續陳放發展，整體的風味與濃郁程度肯定會再放大，品嘗它無疑是絕對的享受。

NUITS-SAINT-GEORGES
DOMAINE GEORGES MUGNERET-GIBOURG

酒色呈深紫紅是多項因素造成，部分是釀酒人的選擇，部分則是當年分的表現所致。

解析
品飲筆記
首先，Les Chaignots 是個坐向朝東的陡坡葡萄園，葡萄品質甚佳，最年輕的葡萄樹至少有 40 年的樹齡。
坐向朝東有助於葡萄在日升時便能接受大量日照，進而達到良好而完整的成熟度；2012 年由於春季天冷，葡萄開花不良，大量飢餓的毛蟲吃掉了葡萄芽，使得產量偏少。

但如同我們在第 2 杯酒學到的，抑制產率有助於提升釀成酒款的濃郁度，因為葡萄樹能將所有精力投注於僅剩不多的果串上。

這款酒香氣驚人的背後有許多原因，雖然難以精準斷定，但我會試著解釋。

首先，黑皮諾釀成的酒原本便具有非常芬芳的香氣，如果葡萄能在極端氣候中舒適地成熟，更有助於展現出複雜的香氛。
皮諾
LODI
我品嘗過來自加州 Lodi 產區的黑皮諾，它們足以說明該品種在成長季遭遇高溫度時所釀出的酒款香氣為何。
由於身處炙熱的地中海型氣候，Lodi 向來以酒體宏大、特色鮮明且美麗的金芬黛（Zinfandel）和小希哈（Petite Sirah）品種出名，而非天生柔軟輕盈的皮諾。對我而言，品嘗這裡的皮諾雖然也是種享受，卻不像皮諾典型的表現。這裡的皮諾缺乏花香，既沒有爽脆有勁的紅果香、櫻桃或覆盆子等香氣，也沒有鮮明銳利的酸度或質地細緻的單寧。炙熱的氣候下成長的皮諾，風味像是從天堂被打入凡間，高雅的個性儼然像是被煮熟而不見蹤影。
布根地最好的葡萄園，也就是夠格被稱為特級或一級園的地塊，幾乎坐落於坡地中段。由於雨水會隨著坡度往下流而不至於囤積在土壤內，因此土壤較溫暖，有助於葡萄成熟。
因距離大型水體較遠而不受影響的產區，多半為大陸型氣候；這裡的天氣較乾燥，夜晚寒冷，不但有助於保留果實的酸度與香氣，也有利於累積發展出高雅的單寧質地。

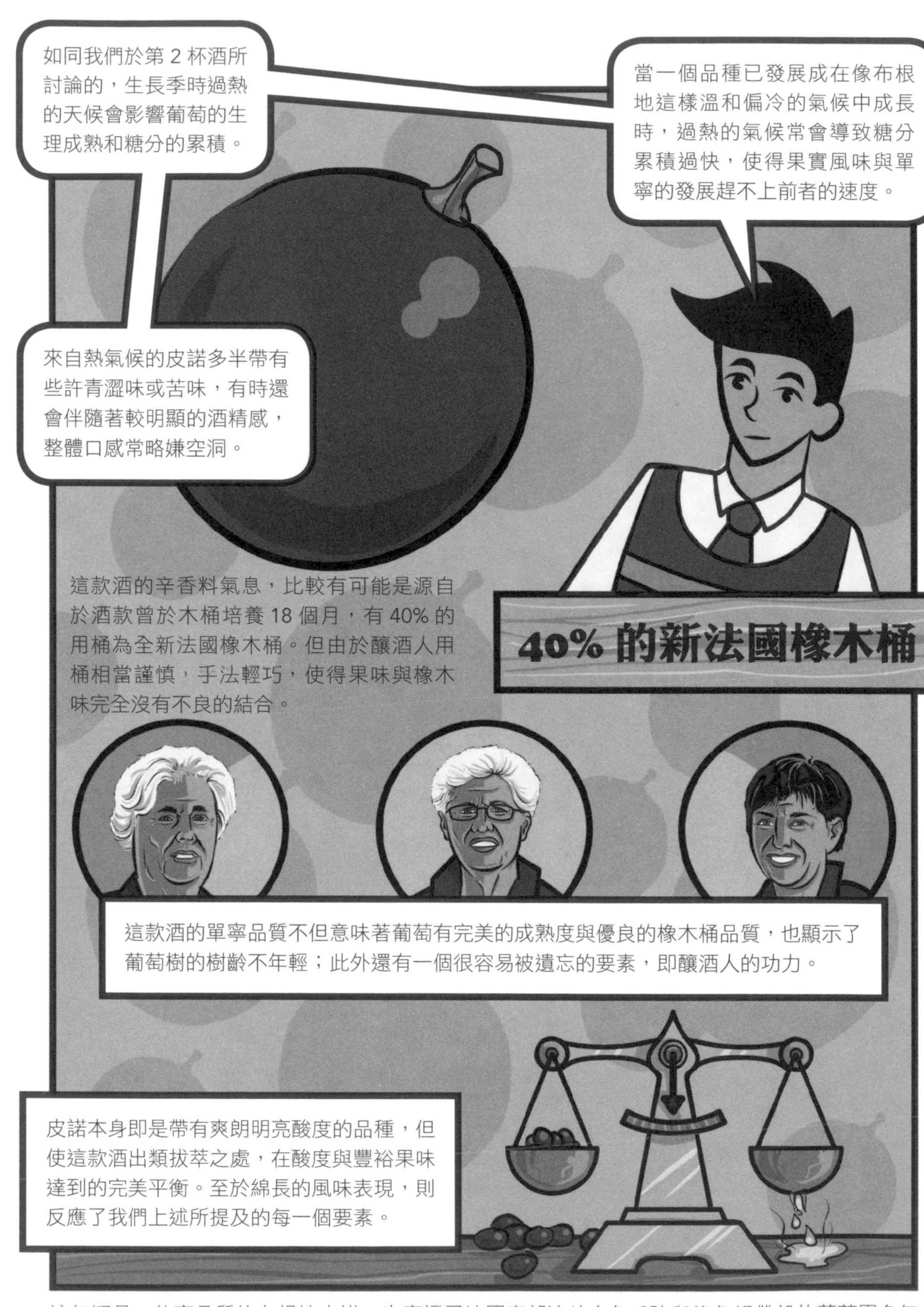
如同我們於第 2 杯酒所討論的，生長季時過熱的天候會影響葡萄的生理成熟和糖分的累積。
當一個品種已發展成在像布根地這樣溫和偏冷的氣候中成長時，過熱的氣候常會導致糖分累積過快，使得果實風味與單寧的發展趕不上前者的速度。
來自熱氣候的皮諾多半帶有些許青澀味或苦味，有時還會伴隨著較明顯的酒精感，整體口感常略嫌空洞。
這款酒的辛香料氣息，比較有可能是源自於酒款曾於木桶培養 18 個月，有 40% 的用桶為全新法國橡木桶。但由於釀酒人用桶相當謹慎，手法輕巧，使得果味與橡木味完全沒有不良的結合。
40% 的新法國橡木桶
這款酒的單寧品質不但意味著葡萄有完美的成熟度與優良的橡木桶品質，也顯示了葡萄樹的樹齡不年輕；此外還有一個很容易被遺忘的要素，即釀酒人的功力。
皮諾本身即是帶有爽朗明亮酸度的品種，但使這款酒出類拔萃之處，在酸度與豐裕果味達到的完美平衡。至於綿長的風味表現，則反應了我們上述所提及的每一個要素。

這無疑是一款高品質的布根地皮諾，也應證了法國東部這片金色丘陵與綠色緞帶般的葡萄園多年以來的優秀傳統，足以讓這個品種稱其為家。

Glass
21
夏布利 Domaine Billaud-Simon, Chablis 1er Cru, Montée de Tonnerre 2014, €€€
布根地的最後一杯酒，將我們帶到該產區最北境：夏布利。
D91公路
夏布利
D965公路
松賽爾 109公里
伯恩 137公里
第戎 139公里
由於距離第戎或伯恩要比羅亞爾河中央地方（Central Vineyards）的松賽爾（Sancerre）產區更遠，夏布利可以說和布根地其他產區截然不同，而且還引以為傲。
夏布利
這顯而易見的自信來自Serein河畔的獨特夏多內。全世界沒有其他產區能以這高貴的品種打造出如此精準刻畫了冷氣候的美酒。

這裡的夏多內架構優良，口感緊緻（表現最差的酒款則酒風凜瘦，青澀而咬口），最優良的酒款在年輕時多半相當緊實甚至有些冷漠，但風味之集中，能在你吞下肚之前便緊抓住你的注意力。

在極寒的1月造訪夏布利，不難見識到這頂級酒產區的氣候，是多麼瀕臨葡萄幾乎無法成熟的程度。
當地的平均氣溫約攝氏11度（攝氏10度常被稱為葡萄能夠成熟與生長的臨界點），然而光是嚴寒的氣候還不足以說明酒農在這大陸型氣候所需要面對的挑戰。
11°
少了鄰近大型水體所帶來的暖化作用，夏布利夜晚的溫度會低到結霜的程度，進而嚴重損害春天時冒出的嫩芽。
我下筆時是2017年4月底，夏布利已經連續兩年因夜間凍冷而大幅削減當年度的潛在產能。
和2016年所發生的類似事件相同，這一年又有些酒農得面對嚴重的經濟困境，甚至破產；在夏布利，要釀出一瓶好酒不但得付出相當的代價，還得夠好運才行。

CHABLIS PREMIER CRU
MONTÉE DE TONNERRE
Billaud-Simon
多內爾坡
D965 公路

Sniff 的品飲筆記

這款酒聞起來就很冷。萊姆、檸檬皮、大黃與烤蘋果香，是最立即出現的香氣。再聞又可以發現些許烘焙點心味，由烤蘋果的香氣延伸成如翻轉蘋果塔這類更濃郁複雜的香氣。要說酒款因種植在富含海洋生物的化石與潮池而展現出牡蠣殼和碘的味道，聽起來也許有點異想天開，但事實上確實是如此。這款酒的酸度如刀一般在口中切開，不但能夠清潔味蕾，更讓它顯得活力十足。整體而言，這款酒口感緊緻，風味集中，像是肌理紋路鮮明的運動員，不但架構優良，更清透無比，似乎沒有一絲脂肪隱於其內。

解析

品飲筆記

這款酒的柑橘與蘋果香氣正是冷氣候夏多內的典型表現；來自較熱氣候的夏多內多有油桃、水蜜桃和香瓜調性。怡人的甜美烘焙風味，是酒款與酵母渣在不銹鋼桶槽中培養近 18 個月的成果。

酒款細緻但鮮活的酸度與緊緻度，同樣源自於至多只能讓葡萄成熟的冷氣候。這款酒的葡萄來自於 Serein 河右岸，和該村特級園中 7 個不同的克里瑪（climat）僅隔了一小段距離。

多內爾坡（Montée de Tonnerre）位處夏布利最完美的風土地帶，坐向面南向陽，有利於葡萄成熟，又有海洋生物化石經過層層擠壓形成的啟莫里統（Kimmeridgian）時期土壤，讓夏多內得以茁壯。
S

酒中的白堊、鹽味與牡蠣殼氣味是否源自土壤？這是很難回答的問題。葡萄酒的氣味鮮少和種植葡萄的土壤相同，然而有一些酒的味道確實會令人聯想到種植它們的土地；這可不只是浪漫的幻想而已。讓酒款展現出土壤風味最有可能的成因要屬氣候，以及其為酒款帶來的高酸度。

一般來說，低酸度的酒款鮮少會有這款酒的鹹味或類似「礦物」的味道，簡言之，這就是葡萄酒的魔力：不是所有事物都能清楚地解釋或複製。

葡萄酒終究是農產品，就算我們並非總能察覺其香氣、風味與質地究竟受生長環境中哪個環節影響，葡萄酒也應該要能夠反應出其生長的環境。

最後，若不仔細品嘗，可能會漏掉這款酒集中的果味。好的夏布利不會華而不實，而是充滿了存在感，正如同這款來自葡萄園坐向朝南的夏布利白酒，可以明顯地感受到其果味的深度；這風味在口中綿延不斷，如探照燈一般明顯集中，且令人印象深刻，是款值得細細品嘗的酒。

布根地推薦酒單

由於量少、質佳，又受歡迎，許多布根地葡萄酒價格水漲船高到令人咋舌，因此下列酒單中刻意不選伯恩丘或夜丘的特級園酒款，高登一查里曼（Corton-Charlemagne）除外。同樣的，我也刻意不選最有名或最昂貴的釀酒業者的作品。如果你荷包夠深，能夠享受由 Leroy、Romanée Conti、Rousseau、Roumier，或 Coche-Dury 等名莊釀的酒，那老天爺對你肯定不錯，請好好享用。

第 19 杯：伯恩丘白酒

1. Domaine de Bellene, Santenay 'Les Charmes Dessus' €€€
2. Marc Colin, Chassagne Montrachet 1er Cru 'Les Chenevottes' €€€€€ +
3. Pierre-Yves Colin Morey, Chassagne Montrachet 1er Cru 'Cailleret' €€€€€ +
4. Hubert Lamy, St-Aubin 1er Cru 'En Remilly' €€€€€
5. Domaine Leflaive, Puligny Montrachet 1er Cru, 'Les Pucelles' €€€€€ +
6. Etienne Sauzet, Puligny Montrachet €€€€€
7. Louis Jadot, Meursault 1er Cru 'Les Genevrières' €€€€€ +
8. Domaine Coche Dury, Meursault 1er Cru 'Perrières' €€€€€ +
9. Simon Bize, Savigny-Lès-Beaune 1er Cru 'Aux Vergelesses' €€€€€
10. Chanson, Corton-Charlemagne Grand Cru €€€€€ +

第 20 杯：夜丘紅酒

1. Jean Grivot, Nuits-St-Georges 1er Cru 'Aux Boudots' €€€€€ +
2. Domaine Bernard Dugat-Py, Vosne Romanée 'Vieilles Vignes' €€€€€ +
3. Domaine Gérard Mugneret, Vosne Romanée €€€€€ +
4. Domaine Anne Gros, Vougeot Grand Cru 'Clos de Vougeot' €€€€€ +
5. Domaine Fourrier, Chambolle Musigny 'Vieille Vigne' €€€€€ +
6. Domaine Dujac, Morey-St-Denis €€€€€
7. Bruno Clair, Gevrey Chambertin 1er Cru 'Clos St-Jacques' €€€€€ +
8. Marchand-Tawse, Gevrey Chambertin 1er Cru 'La Perrière' €€€€€ +
9. Domaine Joliet Père et Fils, Fixin 1er Cru 'Clos de la Perrière' €€€€
10. Domaine Jean Fournier, Marsanny 'Es Chezots' €€€€

第 21 杯：夏布利

1. Domaine Michel Colbois, Chablis €€
2. Domaine Séguinot-Bordet, Chablis €€
3. Samuel Billaud, 1er Cru 'Mont de Milieu' €€€
4. Domaine William Fèvre, 1er Cru 'Les Lys' €€€
5. Domaine Daniel Dampt, 1er Cru 'Fourchaume' €€€
6. Domaine Corinne Perchaud, 1er Cru 'Vaucoupin' €€€
7. Domaine Fourrey, 1er Cru 'Côte de Léchet' €€
8. Jean-Paul et Benoit Droin, Grand Cru 'Vaudésir' €€€
9. Domaine Long-Depaquit, Grand Cru 'Le Clos' €€€€€
10. Domaine Louis Moreau, Grand Cru 'Valmur' €€€€€

侏羅 Jura

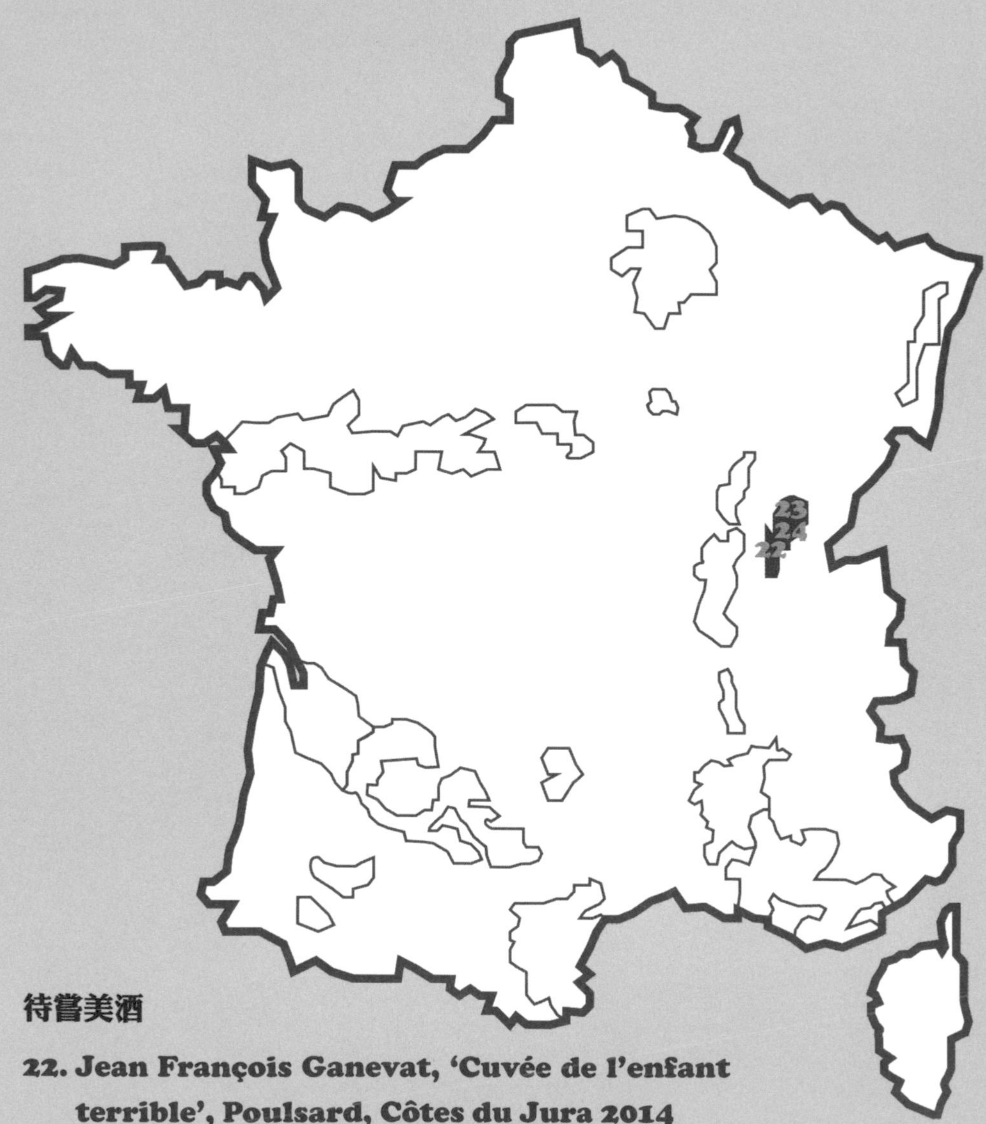
23
24
22

待嘗美酒

22. Jean François Ganevat, 'Cuvée de l'enfant terrible', Poulsard, Côtes du Jura 2014

23. Domaine André et Mireille Tissot (Bénédicte & Stéphane Tissot), ' La Tour de Curon, Le Clos', Chardonnay, Arbois 2012

24. Domaine Macle, Château Chalon 2006

在布根地以東，前進法瑞邊境的路上會經過一個小巧完美的田園小鎮，這裡是侏羅葡萄酒的家鄉。

第戎
侏羅
里昂
(Lyon)
瑞士
日內瓦
這裡的酒款鮮少出現在世界各地的酒舖內，原因有二：
首先，侏羅產量極小，當地葡萄園僅2,000公頃，酒農不過400位，使得侏羅的釀酒產業相當「手作」。
其次，絕大多數此地釀造的酒款，都不是一般所熟悉的葡萄酒風格。
侏羅最出名的白酒品種是莎瓦涅（Savagnin），它多半會令人聯想到稱為黃葡萄酒（Vin Jaune）的酒款風格。有點像是優質的雪莉菲諾（Fino）葡萄酒，但酸度更高（價格也更高）。
我個人認為，這類酒款散發出的濃郁鹹麵團與碰壞的蘋果風味，足以令人流下渴望的眼淚。
阿爾伯(Arbois)
不過，開始接觸這類酒款時，習慣較內斂酒風的飲者可能會覺得它們的濃郁程度有些難以招架。
當地種植最廣泛的黑葡萄品種是普沙（Poulsard），由於該品種酒色與單寧皆淺淡，與其用來釀豐裕的紅酒，更適合釀造個性紮實的粉紅酒。

酒風獨特固然好，對於實際賣酒而言卻有諸多限制；所幸一旦嘗過，許多消費者常會轉為法國東部這個邊緣產區的忠實粉絲。

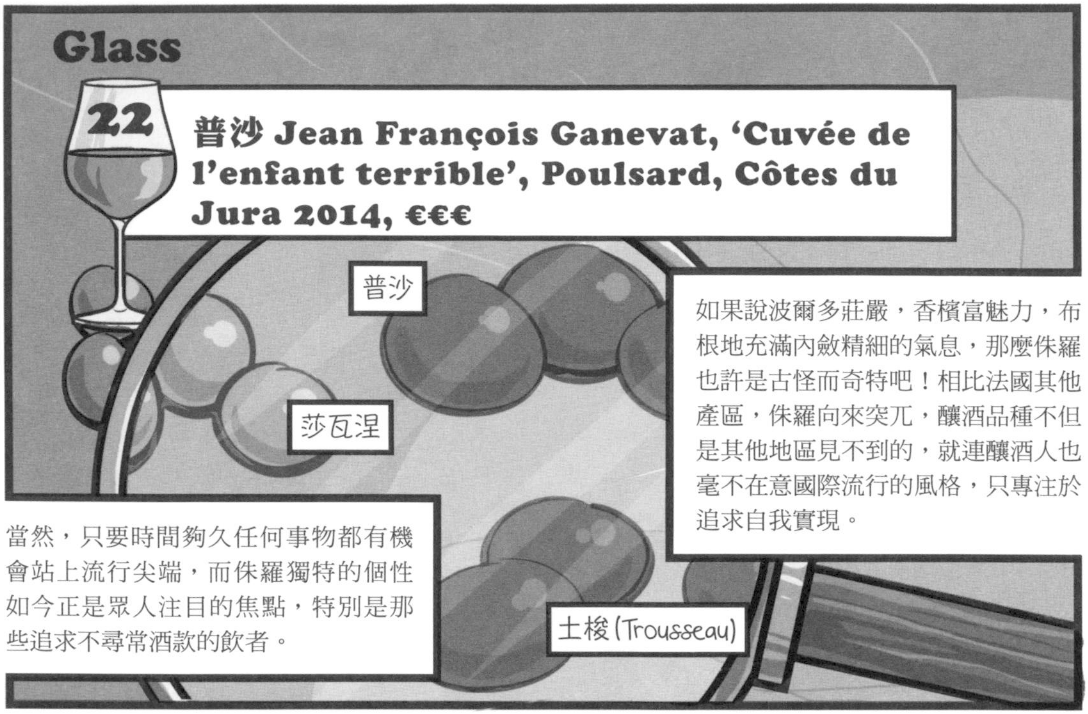

Glass 22

普沙 Jean François Ganevat, 'Cuvée de l'enfant terrible', Poulsard, Côtes du Jura 2014, €€€

普沙

莎瓦涅

如果說波爾多莊嚴，香檳富魅力，布根地充滿內斂精細的氣息，那麼侏羅也許是古怪而奇特吧！相比法國其他產區，侏羅向來突兀，釀酒品種不但是其他地區見不到的，就連釀酒人也毫不在意國際流行的風格，只專注於追求自我實現。

當然，只要時間夠久任何事物都有機會站上流行尖端，而侏羅獨特的個性如今正是眾人注目的焦點，特別是那些追求不尋常酒款的飲者。

土梭(Trousseau)

侍酒師永遠在尋找品質傑出又獨特的酒款，以期能為自家酒單增添亮點，凸顯其獨特之處；然而真正讓侏羅酒款受到注目的原因，是源自尋找獨特酒風及手作酒款的動力，自然酒運動正是其一。

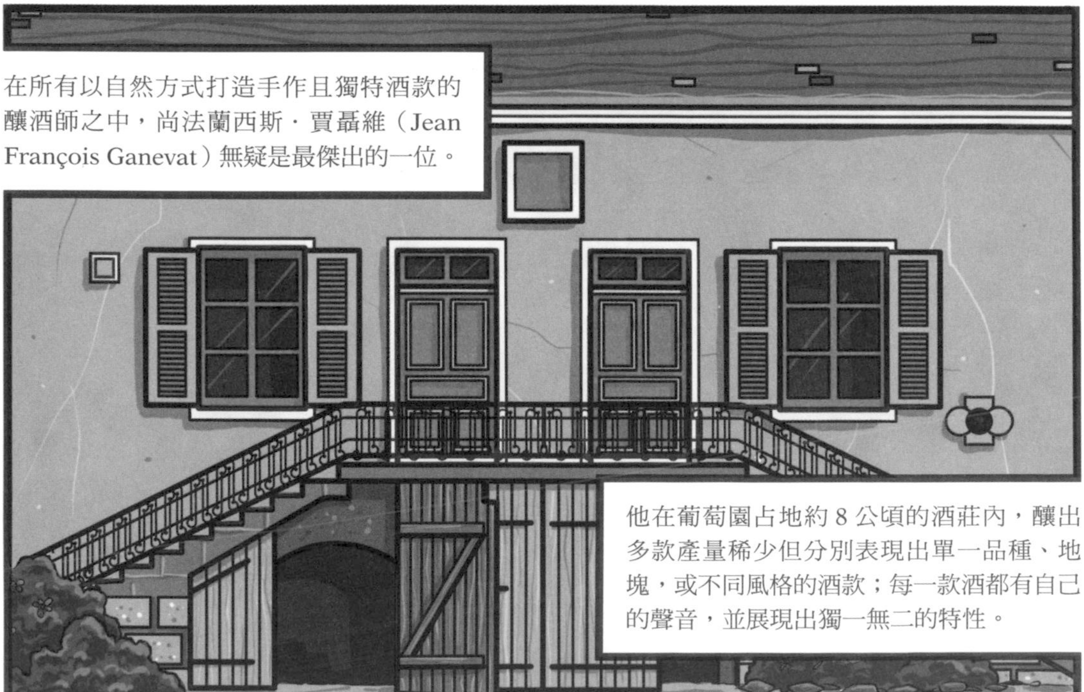

在所有以自然方式打造手作且獨特酒款的釀酒師之中，尚法蘭西斯·賈聶維（Jean François Ganevat）無疑是最傑出的一位。

他在葡萄園占地約 8 公頃的酒莊內，釀出多款產量稀少但分別表現出單一品種、地塊，或不同風格的酒款；每一款酒都有自己的聲音，並展現出獨一無二的特性。

我們接下來要品嘗的這杯酒之所以如此易飲且令人享受，正是因為賈聶維與所釀酒款的獨特性。

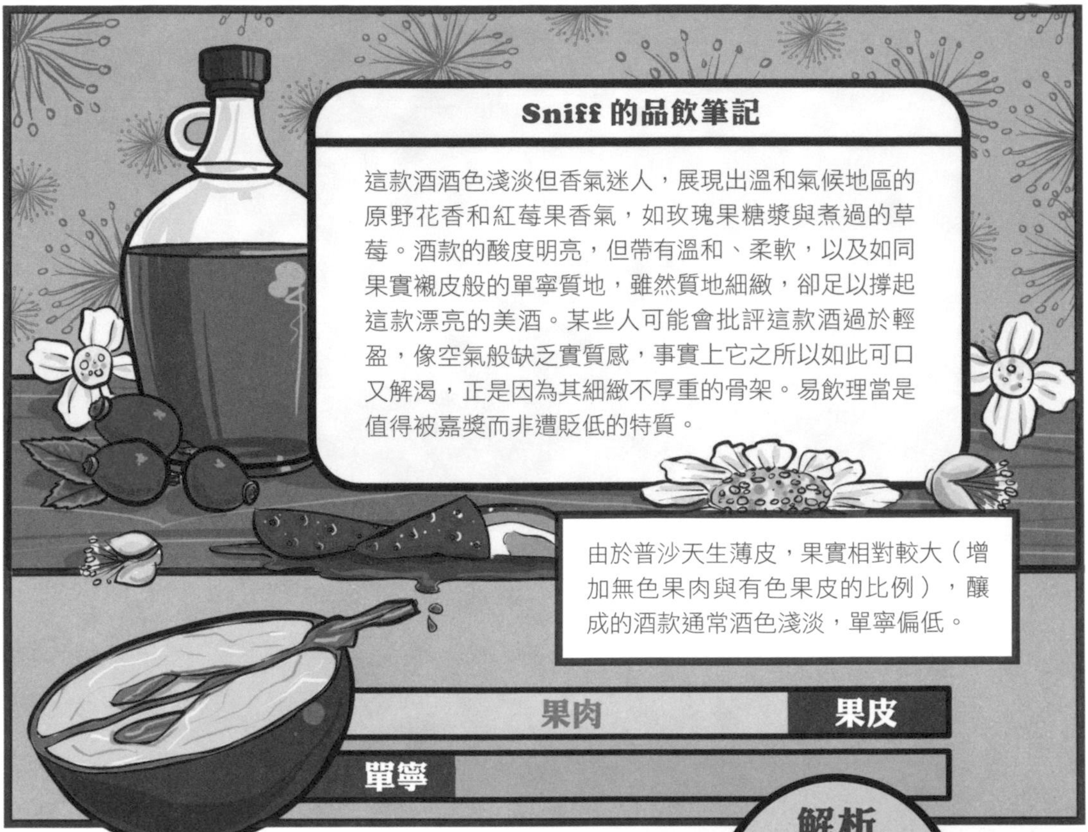

Sniff 的品飲筆記

這款酒酒色淺淡但香氣迷人，展現出溫和氣候地區的原野花香和紅莓果香氣，如玫瑰果糖漿與煮過的草莓。酒款的酸度明亮，但帶有溫和、柔軟，以及如同果實襯皮般的單寧質地，雖然質地細緻，卻足以撐起這款漂亮的美酒。某些人可能會批評這款酒過於輕盈，像空氣般缺乏實質感，事實上它之所以如此可口又解渴，正是因為其細緻不厚重的骨架。易飲理當是值得被嘉獎而非遭貶低的特質。

由於普沙天生薄皮，果實相對較大（增加無色果肉與有色果皮的比例），釀成的酒款通常酒色淺淡，單寧偏低。

果肉 果皮

單寧

解析

品飲筆記

普沙向來以奔放的香氣著稱，釀成的酒款多有花香與紅果香氣。這款酒之所以酸度明亮且新鮮，是源自於種植氣候屬溫和偏冷的大陸型氣候（近似布根地），夏天溫暖而短暫，但能夠提供充足的熱能讓葡萄成熟，夜晚冷涼，有助於保留果實的香氣與酸度。

至於酒體的分量——以這款酒而言偏輕巧，則是與酒款的酒精度和單寧有直接關聯。

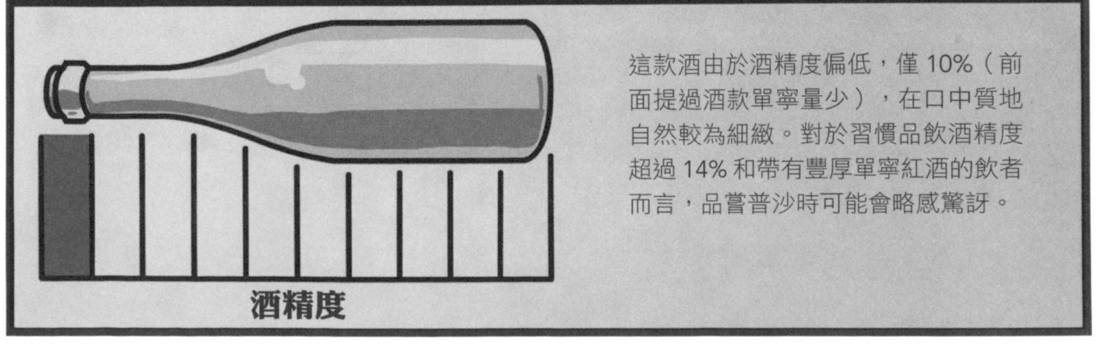
酒精度

這款酒由於酒精度偏低，僅 10%（前面提過酒款單寧量少），在口中質地自然較為細緻。對於習慣品飲酒精度超過 14% 和帶有豐厚單寧紅酒的飲者而言，品嘗普沙時可能會略感驚訝。

因為機會不多，對我而言，能在大白天喝酒向來頗為奢侈，因此我一直非常珍惜週六午餐能夠自由飲酒的享受。
除非你的身體是鐵打的，否則在週間午餐喝上幾杯，很可能會導致下午頭腦昏沉，眼前一片迷霧茫茫。

不過，品嘗這杯酒所帶來的影響
相對小了許多。舉例來說，在英國，每 1 單位的酒精度是 10 毫升的純乙醇。

14%
10.5 單位
10%
7.5 單位
125毫升
1.25 單位

因此酒精度 14% 的葡萄酒約有 10.5 單位，這款普沙僅有 7.5 單位，表示一杯 125 毫升的普沙葡萄酒僅有 1.25 單位的酒精，除了開車，這樣的酒精量理應不會影響到午餐後的其他計畫。

賈聶維這款 l'enfant terrible 不止堪稱侏羅與／或法國的標竿葡萄酒，更足以提醒飲者什麼是享受純粹、新鮮、易飲葡萄酒的樂趣。

在追求成熟度、飽滿程度與複雜度的同時，太多釀酒業者忘了葡萄酒理應兼具優雅和魅力的初衷。釀造新鮮易飲的葡萄酒不代表釀酒人欠缺野心，反而表示這樣的釀酒人對於自己的果實信心十足，而且了解葡萄酒最重要的目的是拿來飲用的。
尚法蘭西斯．賈聶維就十分理解這個道理。

Glass

23 夏多內 Domaine André et Mireille Tissot (Bénédicte & Stéphane Tissot), ' La Tour de Curon, Le Clos', Chardonnay, Arbois 2012, €€€€€ +

我原本的確打算介紹布根地特級園作為本書的酒款之一，直到參加了一場介紹這第 23 杯酒的品飲會後，就此改變計畫。

對某些人而言，在侏羅區選擇介紹夏多內似乎有些偏頗，畢竟這裡可以說是布根地的後院，距離伯恩丘僅一小時的車程，要為這高貴品種選出具代表意義的酒款，肯定是來自輝煌的金色丘陵地而非侏羅吧！

我在這場品飲會上徹底被這款酒擄獲。它不但表現傑出，釀造優良，更是香氣十足且多滋味，酒體風味均衡而複雜，既可口，餘韻又綿長，而且還有一個特點：存在感。我們都曾體驗過當某人出現時，其存在感之強烈足以使得共處一室的他人稍嫌遜色。可能是因為這種人魅力非比尋常又異常冷靜，或純粹是因為他們極具自信或富有權威性；不管原因為何，這樣的人肯定異於常人。

這款夏多內就有類似的氣質。我是盲飲品嘗這款酒的（只知道來自侏羅，其他資訊一概不清楚），當我將鼻子伸進酒杯中探聞香氣並品飲後……

同場其他酒款——幾乎都是非常不錯的酒——猶如伴娘，只能作為襯托這款如美麗新娘般好酒的配角。這就是為什麼這款非布根地的夏多內獲選的原因，因為它既能夠表現出品種與產區的特性，品質又相當優異。

Sniff 的品飲筆記
酒色呈深黃偏金，香氣近似你喝過最好井水的氣味。這款酒帶有石頭、打火石的香氣，嘗來清透可口，像雨後的土壤調性。明顯細緻的礦物風味底下，蘊含一股鹹鮮及堅果的風味，餘韻另有一股提升酒款輕盈感的檸檬油香氣。香氣已經令人興奮不已，風味還更上一層樓。這款酒滋味集中濃郁，酸度高且嘗來有稜有角，勁道之強引人注意。同時，如閃電般銳利的酸度，則將豐裕到近乎炙熱的風味緊緊鎖住，一路延伸至風味深沉而令人滿足的綿長餘韻。
解析
品飲筆記
當一款酒展現出如此濃郁的礦物味與土壤調性，通常會較難判斷酒款的出處。
不過，無論是葡萄園裡或是酒莊內都能找到提示，足以回答這款美酒的風格從何而來。
如哨兵一般矗立於阿爾伯（Arbois）小鎮裡的 Tour de Curon 塔不遠處，有一塊以石牆（法文為 Le Clos）圍起的葡萄園。史蒂芬．提梭（Stéphane Tissot）始終深信，這塊葡萄園的潛力無限。

史蒂芬於本世紀初時重新整理這塊葡萄園，並以稱為「馬薩選種法」（selection massale）的方式，挑選出侏羅產區內最具代表性且表現最佳的夏多內植株。

馬薩選種法通常是於數處葡萄園內，選出品質最優也最健康的葡萄樹剪枝種植的選種法；這是法國傳統用來挑選最適合植株的方式。

由於馬薩選種是由多個地塊中挑選出優良的植株，相較於僅使用數量受限的葡萄樹來源，採用馬薩選種法的酒農，更有機會打造出能夠反映諸多特色而非風格較單一的葡萄園，和以其釀成的酒款。

這些葡萄樹也許樹齡尚淺，但該園葡萄種植密度每公頃高達 12,000 株，有助於降低年輕葡萄樹過於旺盛的生長力，並使其互相競爭，根部紮得更深，尋得養分與水分。來自環境的天然壓力能夠促進葡萄樹將精力放在繁殖的任務上，以期能夠得到更高品質的水果。

LA TOUR DE CURON
LE CLOS
vinifié par
Stéphane Tissot

我們品嘗的這款酒，其濃郁程度與多層次的風味，皆是這個方式已然成功的表現。

堅果與鹹鮮的風味暗示著酒款曾經過橡木桶陳年，讓酒款在桶中與氧氣接觸作用，加深酒色，並發展出不同的香氣與風味，而非僅止於量大且魅力十足的果味。

酸度骨架是這款酒的精力來源，而其酸度則是來自於葡萄位於溫和偏冷的大陸型氣候，以及葡萄園的高海拔所致；後者逾 300 公尺。這兩個原因都有助於果實保留酸度。

第戎
A36公路
阿爾伯
A391公路

最後，這款酒入喉後，在口中綿長而繚繞不去的餘韻，則是我們前面所提及所有原因的成果。這是一款嚴肅的好酒，既鮮活又誘人，非常值得找來細細品味一番，享受它的美好。

Glass
24 夏隆堡 Domaine Macle, Château Chalon 2006, €€€€€ +
當我坐定開始寫侏羅的第 3 杯酒時，很痛苦且萬分抱歉地發現，這三款酒都要價不斐。
我唯一的解釋是，有時候——特別是討論這類在家鄉以外鮮為人知的產區時——有必要強調當地酒款的潛力。以侏羅而言，這指的就是當地近乎完美的美釀。
當地的葡萄酒產量也許稀少，卻足以代表全球最有趣也最引人入勝的酒款，特別是接下來要介紹的第 24 杯酒。
夏隆堡（Château Chalon）是位於法國偏遠地區一處小而美的農村。當地居民可能僅 150 人，但如果你願意花費時間與精力來到這座誘人的小村，並倒上一杯來自夏隆堡東邊與村莊同名的酒，你很可能會想就此留下成為永久居民。
Menetre-le-Vignoble村
D5公路
夏隆堡
Voiture村
Blois-sur-Seille村

要冠上夏隆堡產區的葡萄酒，必須百分百以白莎瓦涅（Savagnin Blanc）釀成；該品種很可能是源自法國東部的古老品種，多半釀成黃葡萄酒，即我們於第 132 頁的產區介紹時提過的酒款。

雖然無法保證你初嘗夏隆堡時會立刻為之痴迷，但我確定你絕對不會忘記這杯酒的滋味。它是雪莉酒與艾雷島威士忌飲者偏好的風格，也是愛吃咖哩與海帶的人會喜歡的，更不用說那些知道無麩醬油與義大利香腸且同時熱愛它們的人。這是鍾情鹹鮮滋味的人會喜歡的酒款，更是經得起久藏的佳釀。

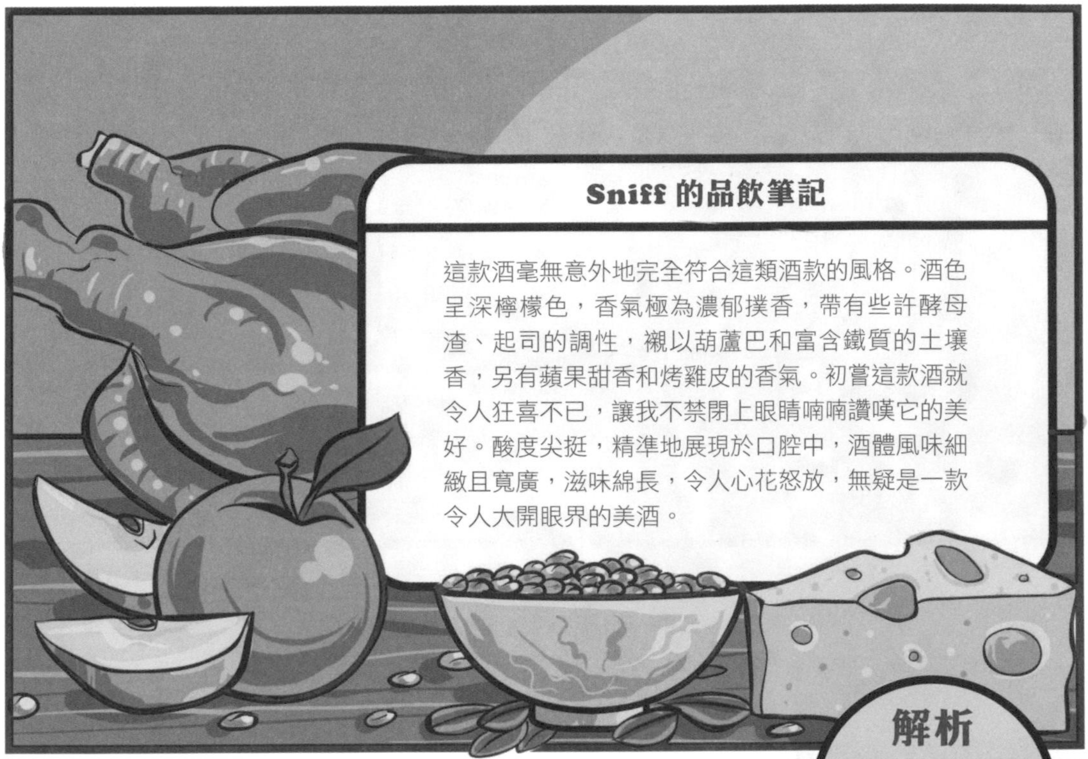

Sniff 的品飲筆記

這款酒毫無意外地完全符合這類酒款的風格。酒色呈深檸檬色，香氣極為濃郁撲香，帶有些許酵母渣、起司的調性，襯以葫蘆巴和富含鐵質的土壤香，另有蘋果甜香和烤雞皮的香氣。初嘗這款酒就令人狂喜不已，讓我不禁閉上眼睛喃喃讚嘆它的美好。酸度尖挺，精準地展現於口腔中，酒體風味細緻且寬廣，滋味綿長，令人心花怒放，無疑是一款令人大開眼界的美酒。

解析

品飲筆記

想了解酒款外觀、香氣與滋味的成因，得先討論黃葡萄酒特殊的製程，以及詮釋這類偉大風格葡萄酒的化身——夏隆堡。

黃葡萄酒

這款夏隆堡黃酒深濃的酒色主要來自於長時間的培養。由於酒款曾於舊木桶中培養逾 6 年，不止酒色因木桶而染色，更重要的是，酒款還經過長時間緩慢的氧化作用，而無上蓋的木桶更加深了酒款的氧化作用。

由於木桶有毛細孔，酒款即便是存放於緊密隔絕的木桶內，也會因時間拉長而緩慢蒸散，導致酒中水分降低，進而增加風味和酸度的濃郁與酒精強度。

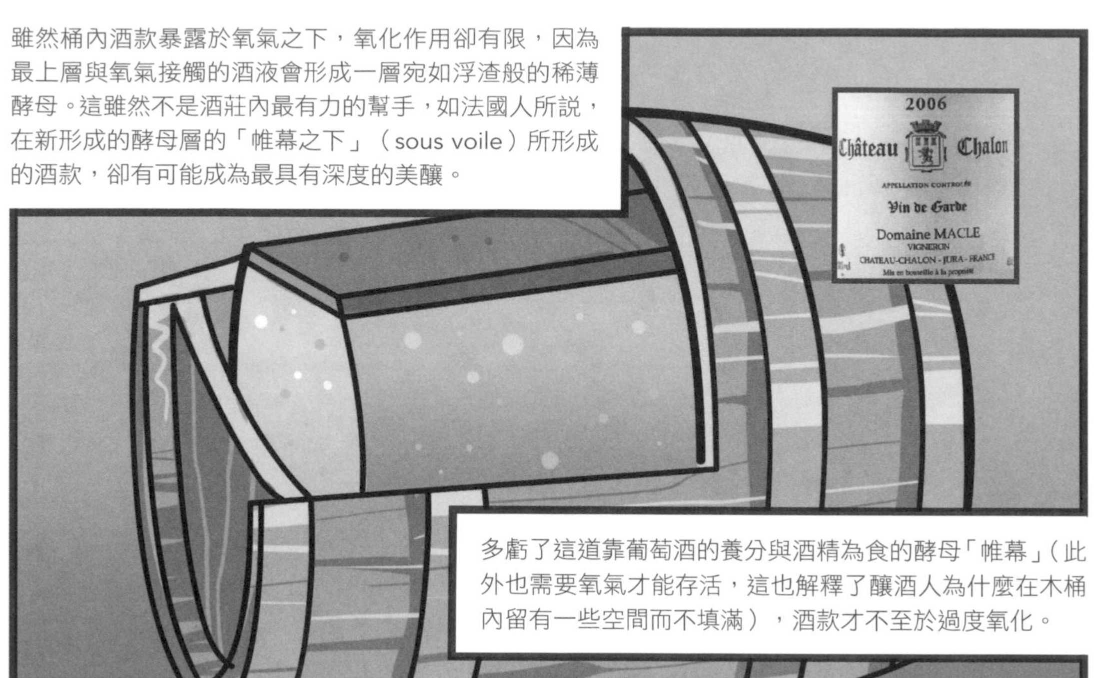
雖然桶內酒款暴露於氧氣之下，氧化作用卻有限，因為最上層與氧氣接觸的酒液會形成一層宛如浮渣般的稀薄酵母。這雖然不是酒莊內最有力的幫手，如法國人所說，在新形成的酵母層的「帷幕之下」（sous voile）所形成的酒款，卻有可能成為最具有深度的美釀。
2006
Château Chalon
APPELLATION CONTROLÉE
Vin de Garde
Domaine MACLE
VIGNERON
CHATEAU-CHALON - JURA - FRANCE
多虧了這道靠葡萄酒的養分與酒精為食的酵母「帷幕」（此外也需要氧氣才能存活，這也解釋了釀酒人為什麼在木桶內留有一些空間而不填滿），酒款才不至於過度氧化。

最重要的是，這類酵母所製造的乙醛，即酒款最主要且明顯的香氣來源，和西班牙雪莉酒產區的菲諾與安達魯西亞的 Montilla 酒款相同。

回到
品飲筆記

葫蘆巴葉的調性源自於酒中一種稱為葫蘆巴內酯（Sotolon）的醛類，即是由上述酵母所製造出。至於土壤、礦物與碘的香氣，則是源自於這種特殊的環境培養而成的莎瓦涅葡萄，這是釀酒葡萄難以解釋的魔力。

至於烤雞皮的香氣，是初聞與品嘗這類濃郁酵母風味酒款後，滿溢口腔與鼻腔中那股如旨味般的鹹鮮風味；這是我所能想到最貼切的形容方式。
Octo
June
June
vemb
rch
er
April
May
最後，這款酒集中與綿久的風味則是與酒款經過緩慢的蒸發有直接關聯：培養期超過 72 個月。

只要曾經花時間熬煮高湯，對於這個步驟肯定不陌生：過程中需要盡可能低溫，以確保鍋內的原料能緩慢地展現出最濃郁也最精華美好的一面。

侏羅推薦酒單

第 22 杯：普沙

1. André et Mireille Tissot, 'Vieilles Vignes', Arbois €€€
2. Jean-Louis Tissot, Arbois €€€
3. Les Chais de Vieux Bourg, Côtes du Jura €€€
4. Benoit Badoz, Côtes du Jura, €€

第 23 杯：夏多內

1. Domaine de Marnes Blanches, 'En Levrette', Côtes du Jura €€
2. Domaine Labet, 'La Bardette', Côtes du Jura €€
3. Domaine Ganevat, 'Les Chalasses Vieilles Vignes', Arbois €€€
4. Jacques Puffeney, Arbois €€€

第 24 杯：夏隆堡

1. Domaine Berthet-Bondet €€€€€
2. Domaine Désiré Petit €€€€€
3. Domaine André et Mireille Tissot €€€€€ +
4. Domaine Jean Bourdy €€€€€ +

技術篇 3
木桶／尺寸的重要性

木桶

在法國，絕大多數用來製作大、小橡木桶的木頭都源自於境內。對於釀酒業者而言，這與愛國無關，而是他們認為，法國橡木才是最好的橡木。對於用來存酒的容器，首先也是最重要的關鍵，就是不能有漏。除了橡木，許多木料（金合歡、栗木與櫻桃木）的毛細孔都偏大，常出現無法防水（或防酒）的問題。木頭的毛細孔也會加速酒款的熟成，因為這會導致酒款暴露於氧氣之中。

橡木
金合歡、栗木、櫻桃木
氧氣
氧氣

如果你比較松樹林和橡木林的根株，會發現絕大多數長得比較快的松樹，年輪的間距都比較寬，而生長較緩慢的橡木，其年輪間距則多半非常緊密，幾乎重疊在一起。

生長緩慢會讓木頭的紋理較密，毛細也較少。法國境內數個以生長緩慢而聞名的橡木樹林多半坐落於中部地區，其中又以 Tronçais、Nevers 和靠北邊的 Vosges 森林最為人所熟知。

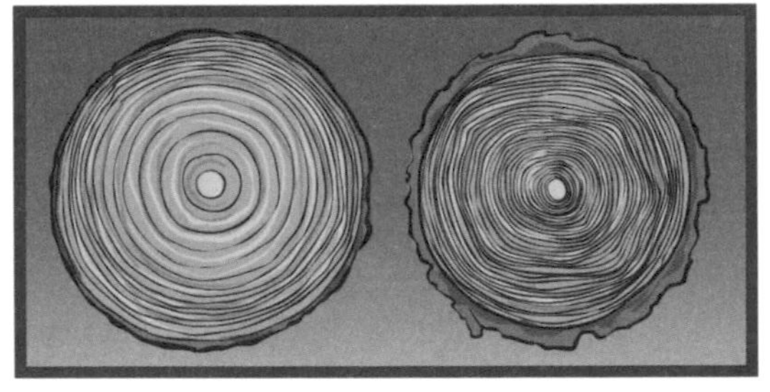

巴黎
Vosges森林
Nevers森林
Tronçais森林

如同我們已在前面多杯酒款的介紹中發現，新橡木桶多半用來為酒款增添風味和香氣。木桶愈年輕，為酒款帶來的影響愈明顯，但當木桶用到第四年時，來自木頭的香氣或風味便會幾乎歸零。（較）老的木頭也許無法再為酒款帶來更多特性，卻很適合用來熟成與儲存葡萄酒。只要品質尚佳，業者也照顧得宜，這類橡木桶依舊能緩慢地氧化、熟成葡萄酒，這無疑能為酒款帶來更多複雜度，並磨去咬舌的口感，讓酒款嘗來更加圓潤柔順。

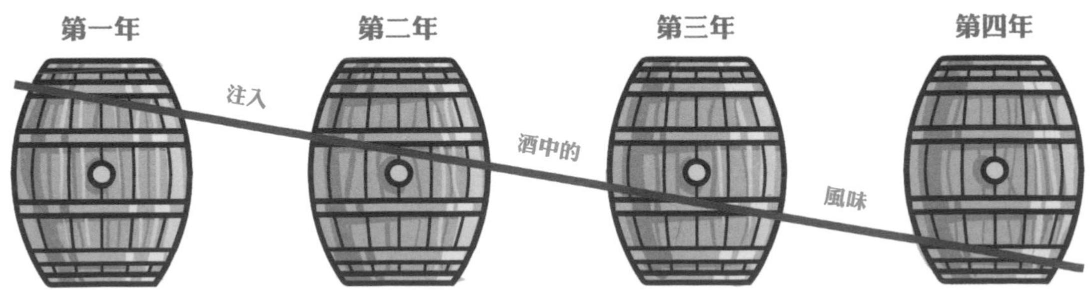
第一年
第二年
第三年
第四年
注入
酒中的
風味

尺寸的重要性

有些人說，他們不愛木桶的味道，指的其實是他們不愛用桶過度或不良的酒款風味。
恰當地用桶，就好像是在烹調得宜的料理中使用鹽一樣。當用量正確時，沒人會特別注意到料理使用了多少鹽；唯有嘗到過於清淡或太死鹹的料理，才會讓人特別注意到料理中使用的多寡。
相同地，酒款如果用桶恰當，整體表現通常會有所提升，不至被籠罩在一片木桶味之中。有一些葡萄酒的架構與果味深度禁得起在百分之百全新橡木桶中培養，但這並不多見。
想釀出「頂級」酒的釀酒人，可能會使用高品質且價格昂貴的橡木桶——這類小橡木桶（barrique）通常每個要價高達一千歐元——來培養原本過於纖細或脆弱的酒款，但成果多半令人失望，導致酒款嘗來空洞，缺乏果味，且因為木桶成本而使酒款售價過高。
波爾多傳統使用的橡木桶尺寸為 225 公升，稱作「barrique」。
布根地習慣使用容量 228 公升的木桶，稱為「pièce」。木桶容量愈小，與葡萄酒接觸面積的比例愈高。
另一個法國葡萄酒業界常使用的木桶，是為容量 600 公升的 Demi-Muid。由於接觸面積的比例變低，酒款受木桶風味的影響也較小。

阿爾薩斯 Alsace

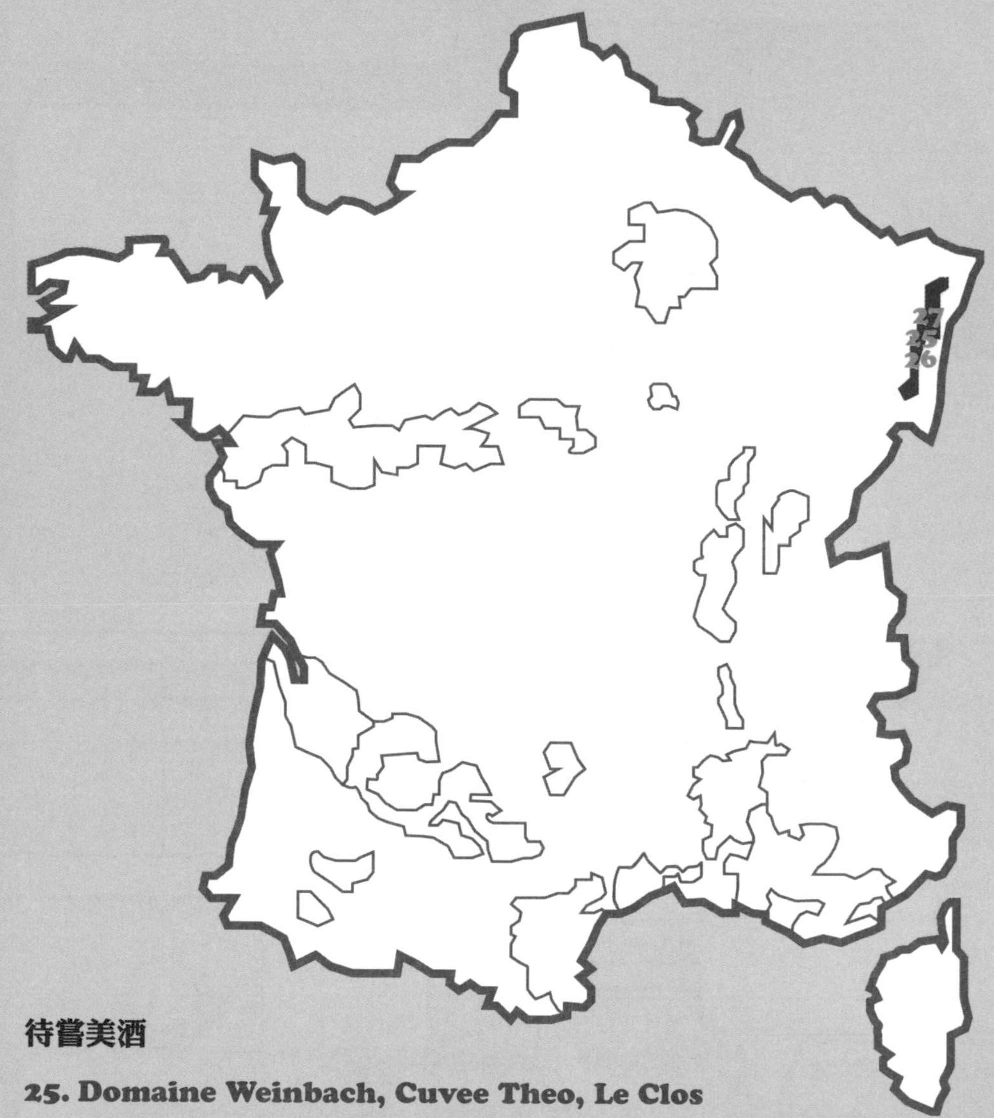
27
25
26

待嘗美酒

25. Domaine Weinbach, Cuvee Theo, Le Clos des Capucins, Riesling 2015

26. Domaine Paul Blanck, 'Patergarten' Pinot Gris 2014

27. Rolly Gassmann, Gewurztraminer, Oberer Weingarten de Rorschwihr Vendanges Tardive (VT) 2005

你總是能從一個地區的雨景，判斷當地美麗與否。許多產區都以「前所未見的壯麗美景」承諾觀光客，卻得仰賴天空作美時的蔚藍晴天才能達成。

阿爾薩斯卻不是這麼一回事。當地自弗日山脈（Vosges Mountains）坡底一路蔓延開來的葡萄園，在濕冷多霧的冬日中會展現一股原始的美感，足以超越人們對於清晰視線的需求。

高馬

當地的市鎮也給人類似的感覺，其中又以高馬（Colmar）為最，坐落於阿爾薩斯最有名的上萊茵（Haut Rhin）心臟地帶。

自德國文藝復興時期便不斷增加的原木骨架房屋，由恬靜的運河形成的「小威尼斯」區域，以及古典莊嚴的石造歌劇院與政府建物，形成高馬的多元建築景觀，不管天氣如何，看來都美極了。

阿爾薩斯之所以既法又德是因為它位處國界邊緣，在歷史上曾多次遭「易主」。萊茵與弗日山脈兩者常被視為法國與德國的「天然」國界，不只是因為這兩個平行的天然景觀夠雄偉，也因為兩者之間，僅隔著一塊約 15 至 20 公尺寬的細長地區：阿爾薩斯。

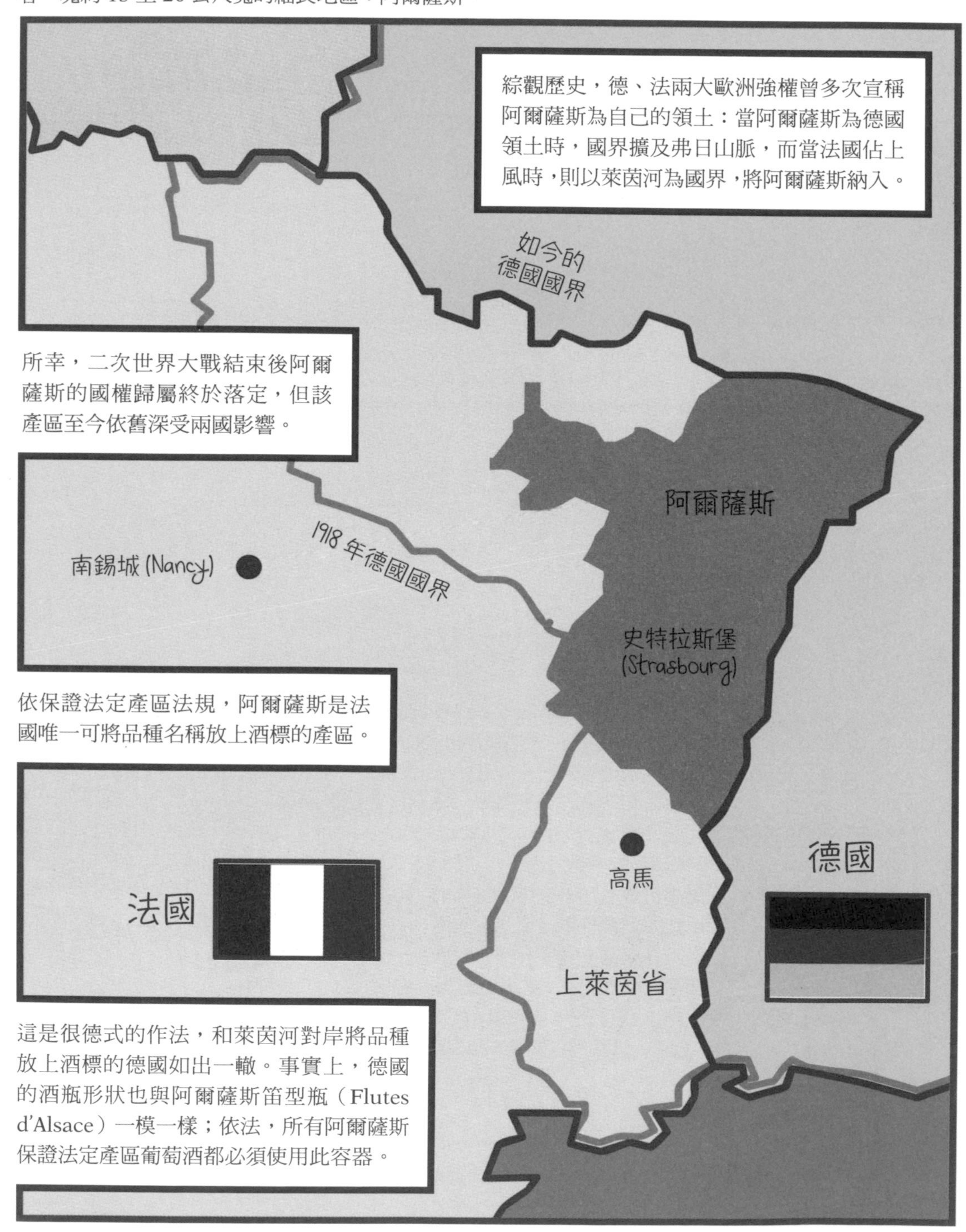
綜觀歷史，德、法兩大歐洲強權曾多次宣稱阿爾薩斯為自己的領土：當阿爾薩斯為德國領土時，國界擴及弗日山脈，而當法國佔上風時，則以萊茵河為國界，將阿爾薩斯納入。
如今的德國國界
所幸，二次世界大戰結束後阿爾薩斯的國權歸屬終於落定，但該產區至今依舊深受兩國影響。
阿爾薩斯
1918 年德國國界
南錫城 (Nancy)
史特拉斯堡 (Strasbourg)
依保證法定產區法規，阿爾薩斯是法國唯一可將品種名稱放上酒標的產區。
高馬
德國
法國
上萊茵省
這是很德式的作法，和萊茵河對岸將品種放上酒標的德國如出一轍。事實上，德國的酒瓶形狀也與阿爾薩斯笛型瓶（Flutes d'Alsace）一模一樣；依法，所有阿爾薩斯保證法定產區葡萄酒都必須使用此容器。

阿爾薩斯許多葡萄酒是由法國與德國釀酒人製成，但這裡的主要品種，無疑是德國（與阿爾薩斯）送給我們最好的禮物——高貴的麗絲玲。

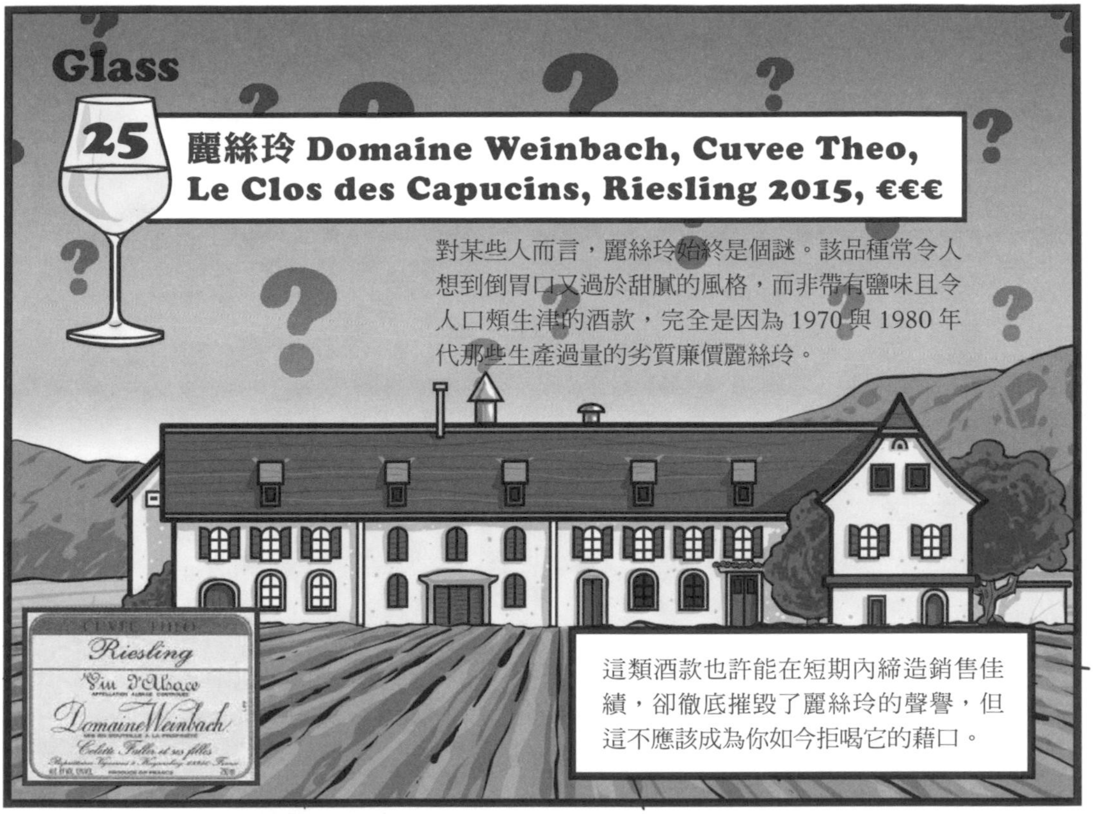

Glass

25 麗絲玲 Domaine Weinbach, Cuvee Theo, Le Clos des Capucins, Riesling 2015, €€€

對某些人而言，麗絲玲始終是個謎。該品種常令人想到倒胃口又過於甜膩的風格，而非帶有鹽味且令人口頰生津的酒款，完全是因為 1970 與 1980 年代那些生產過量的劣質廉價麗絲玲。

這類酒款也許能在短期內締造銷售佳績，卻徹底摧毀了麗絲玲的聲譽，但這不應該成為你如今拒喝它的藉口。

拒絕麗絲玲美酒等於拒絕體驗最棒的品酒樂趣之一。品質最優的麗絲玲酒款常會展現出絕佳的清晰風味，口感純粹，且帶有鮮明的酸度架構，能夠撐起濃郁多香的風味（或任何殘糖量），並展現出其他品種所沒有的銳利酸度。

Sniff 的品飲筆記
目前（我最後一次品嘗是 2017 年 5 月）聞起來還非常年輕，也較為內斂，但麗絲玲再怎麼內斂樸素，還是比其他品種的酒更鮮明。有像是來自土壤的礦物調性蘊含其中，宛如炙熱的鋼鐵、煤油與濕煤的混和物。另有柑橘皮和青蘋果香氣，但和許多品質絕佳的葡萄酒相同，唯有實際品嘗才能感受到真正誘人的滋味。酒款嘗來不甜，酸度高但質地順滑，猶如適度緊繃的鼓皮。如箭般銳利的高亢酸度提供酒款純粹的風味，更足以定義這款酒，但讓這款酒展現出令人欽佩的綿長風味，是其明顯的勁道與濃郁度，以及精準的風味。

雖然不管是哪一款酒，想區分出酒中不同香氣的個別化合物幾乎是不可能的事，但我們還是能夠清楚定義出一些特定的化合物。

CH_3

H_3C CH_3

解析

品飲筆記

其中最明顯且能為麗絲玲酒款帶來如石油般香氣的化合物，即是我們稱為「TDN」的1,1,6-trimethyl-1,2-dihydronaphthalene。

TND 較常見於溫暖氣候地帶的麗絲玲，因為在生長環境中的紫外線量愈充足，愈有助於這種化合物的合成；想了解這種風味，只消買一瓶澳州伊登谷地（Eden Valley）的麗絲玲即可。我們的這款酒也有 TDN 的香氣。

Sniff

柑橘皮與蘋果香氣源自於葡萄在採收時的成熟度。較晚採收或生長於較溫暖地塊的麗絲玲常會偏離青澀的風味，而展現出更多帶核水果的風味與蜜桃香氣。

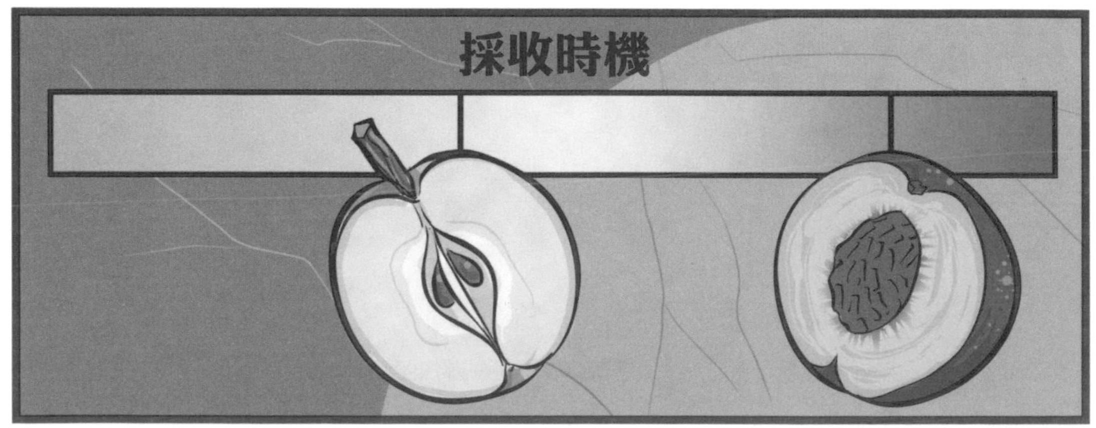
採收時機

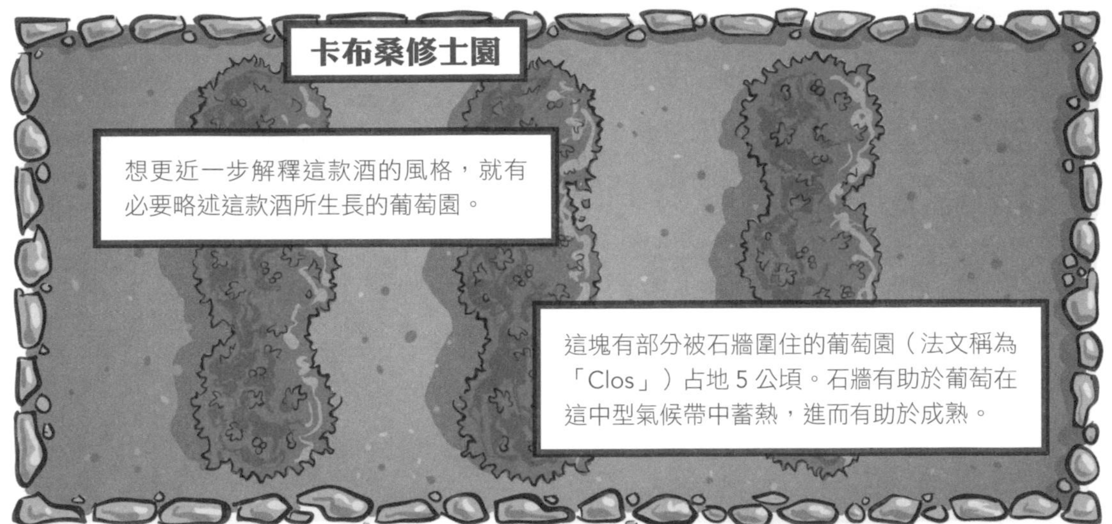
卡布桑修士園
想更近一步解釋這款酒的風格，就有必要略述這款酒所生長的葡萄園。
這塊有部分被石牆圍住的葡萄園（法文稱為「Clos」）占地 5 公頃。石牆有助於葡萄在這中型氣候帶中蓄熱，進而有助於成熟。

葡萄園的土壤也功不可沒。以沙礫和花岡岩小碎石組成的土壤有助於排水。如同我們在第 1 杯酒所見，溫暖的土壤有助於葡萄在冷天候中成長，對於葡萄完美地成熟並釀出高品質酒款而言，相當關鍵。

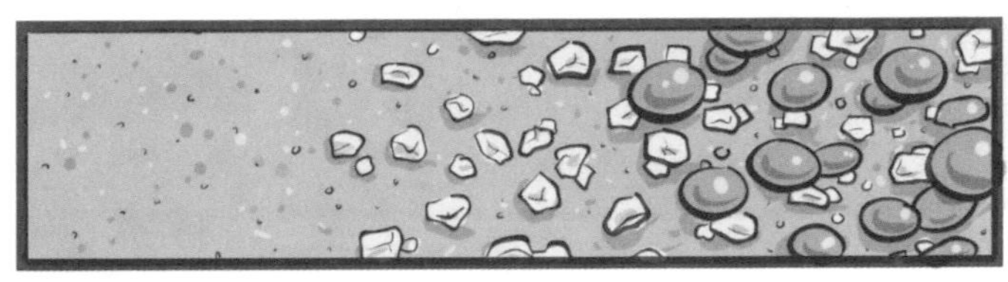

然而，卡布桑修士園（Le Clos des Capucins）坐落於宏偉的須樓斯貝格（Schlossberg）特級園（阿爾薩斯面積最大也最先登記的特級園）的腳跟旁，所獲得的日照及伴隨而來的熱度，自然不如須樓斯貝格梯田葡萄園。

這樣的地理位置造就了酒款的高酸度，與上述提及較不成熟的果味調性；簡單來說，這塊葡萄園非常優異，但礙於地理位置而無法成為最佳的葡萄園。

回到 品飲筆記

選購阿爾薩斯葡萄酒有時會令人感到挫折，你以為自己買的是干型酒，品嘗後才發現其實不然。

前面提過，麗絲玲常被認為是帶有甜味的酒款（它確實可以釀成甜酒，但不是絕對），因此我們有必要重申：這是一款干型不甜的酒。

在德國，酒標上所列出的酒精度會清楚標示該款酒是否為干型。12% 或以上通常表示不甜，9% 或以下的則通常帶甜；後者因為酒精發酵過程被縮短，造成酒中殘留有糖分。

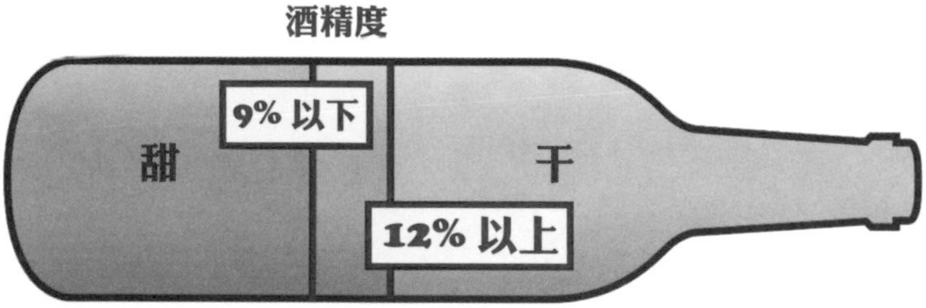

酒精度

甜

9% 以下

干

12% 以上

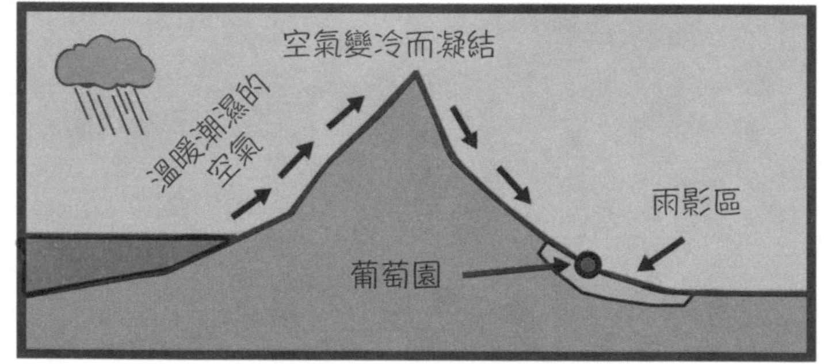

空氣變冷而凝結
溫暖潮濕的空氣
雨影區
葡萄園

位居法國北部，阿爾薩斯如此乾燥的氣候相當不尋常，與弗日山脈的雨影效應（Rain Shadow）有很大的關係。也因為如此，阿爾薩斯日照充足的良好天候，總是能種出糖度與風味皆豐裕的葡萄。

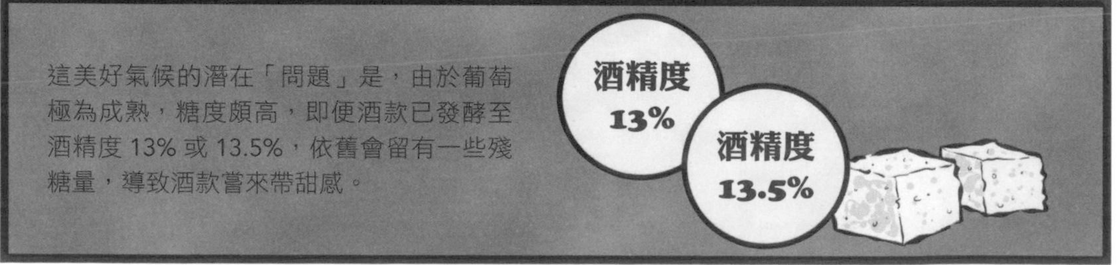

這美好氣候的潛在「問題」是，由於葡萄極為成熟，糖度頗高，即便酒款已發酵至酒精度 13% 或 13.5%，依舊會留有一些殘糖量，導致酒款嘗來帶甜感。
酒精度 13%
酒精度 13.5%

若完全發酵至不甜的程度，經常會導致釀成的酒款酒精度超標，使酒款失去平衡風味與新鮮感。

2015 年的麗絲玲生長季

January 1 · February 7 · March 22 · April 4 · May 1? · June 1 · July 4 · August 27 · September 1? · October 8 · November 5 · December 31

這款酒明顯的集中風味與綿長的尾韻，與阿爾薩斯漫長的生長季有關。

由於緯度極北，因此夏秋兩季日長夜短。
舉例來說，如果我們比較夏至（北半球為 6 月 21 日）日出與日落之間的日照時數，會發現高馬的日照時數有 16 小時，北京有 15 小時，而台北僅有 13.5 小時。
高馬
北京
台北
16 小時
15 小時
13.5 小時

日照時數長能讓葡萄不疾不徐地發展出濃郁且集中的風味，正如同這杯酒與同樣來自這塊位處法國東北美好產區的下一杯酒款所展現。

你很難忽視菲利浦．布藍克（Philippe Blanck）這個人；他是管理 Kientzheim 村裡這家無懈可擊酒莊的布藍克表兄弟之一。

Glass
26

灰皮諾 Domaine Paul Blanck, 'Patergarten' Pinot Gris 2014, €€

雖然人高馬大，但他的談吐以及對葡萄酒的態度，卻透過如暖流般的音質展現，宛如催眠一般，既具權威性又引人注意。

你可以聽菲利浦談論數個小時的葡萄酒，但真正讓我印象深刻的，是他對於灰皮諾（Pinot Gris）葡萄無比精準的描述，以及該如何處理這高貴品種的必要方式。

阿爾薩斯的灰皮諾通常會有一股豐裕的調性，特別是來自於最好的地塊，即便酸度充足，也不總是能夠撐起這濃郁酒體的分量，使得酒款有時嘗來略顯肥胖或邋遢；菲利浦形容這種風格猶如「皮帶上的那圈贅肉」。

我們身邊肯定不乏腰上略多幾公斤的朋友、同事或家人。

事實上，有不少人雖然腰上多了幾塊肉，外型卻依然好看。你可以說這額外的贅肉其實挺適合他們的。
但也有人不這麼幸運；他們的備胎在細瘦高挑的身軀上顯得極不對稱，像是過去雖有運動習慣，但如今身材卻已經走樣。

絕大多數的阿爾薩斯灰皮諾就像這層腰上的贅肉，只有最優異的酒款才能完美展現出這風格，在飲者舌尖翩翩起舞，輕巧但不讓口腔感到乏味，或被厚重的酒體壓得扁塌。

以阿爾薩斯的標準而言，這家酒莊占地頗大，而且許多葡萄園都坐落於產區內風土最優秀的 5 塊特級園以及 4 塊留地（命名葡萄園／地塊）之中。

E25
公路
Domaine Paul Blanck 酒莊
高馬
我們所要品嘗的第 26 款酒，便是來自上述其中一個留地。
ALSACE
2014
APPELLATION ALSACE CONTRÔLÉE
PINOT GRIS
PATERGARTEN
BLANCK
DOMAINE PAUL BLANCK

Sniff 的品飲筆記

酒色呈深檸檬色，香氣有香料檸檬、杏桃、顏色略深的香水月季、蜂蜜，以及些許令人聯想到烤麵包的酵母調性。口感分量十足，但因為酸度寬廣，嘗來不顯笨重，令人口頰生津，像是因為有健身而腰間不至於藏肥肉的人一樣。這款酒嘗來略帶甜感，但這種半干型風格彷彿為這款令人陶醉的酒，更增添了一股墮落而迷醉的印象。果味濃郁且明顯，餘韻綿長持久，彰顯出這款酒出身不凡，足以在本書的 33 杯酒中占有一席之地。

灰皮諾是黑皮諾的突變種，果實呈「灰色」，果皮的色素含量幾乎不亞於其黑皮兄弟，也難怪釀成酒款多有深檸檬色。
解析
品飲筆記

色素含量程度

灰皮諾 **黑皮諾**

不過，人們常忘記這品種半芳香的特質，最主要是因為許多飲者只嘗過義式灰皮諾（Pinot Grigio）。

在我譴責義大利以灰皮諾締造空前成功之前得先澄清，某些釀酒業者——特別是來自義大利弗里尤利（Friuli）產區——為了打造這品種的酒款不遺餘力，並成功地展現了該品種的風格；這些業者釀成的酒款，極富有表現力。

不過許多標示為義式灰皮諾的酒款不是令人沮喪的淡而無味，就是可口得令人暢飲；到底是前者還是後者，大概只有你自己才能決定了。

灰皮諾常展現如玫瑰的香氣，也會帶有一股細緻的辛香料氣味，有時會令人聯想到薑味。
酒款多酵母、似烤麵包的調性，源自於曾在老橡木桶中與酵母渣培養6至9個月使然。

蜂蜜味則是酒款所使用的果實滋味豐富，並已達到完美成熟的明證；這塊留地地理位置優良，土壤以礫石為主（因此能夠蓄熱），有助於葡萄成熟。

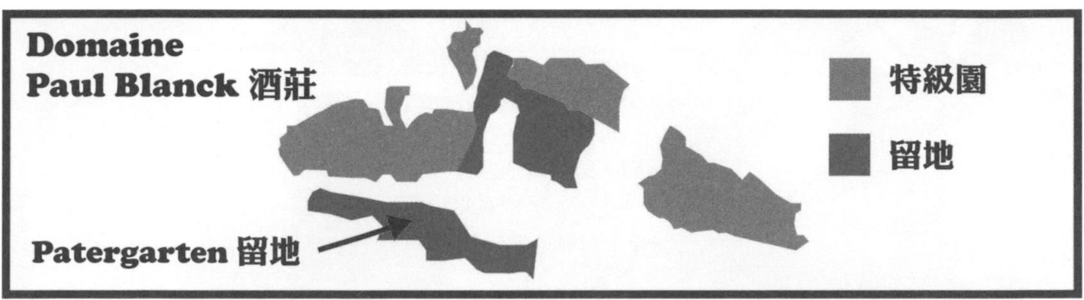
Domaine Paul Blanck 酒莊
特級園
留地
Patergarten 留地

酒款豐富且飽滿的酒體，是來自於阿爾薩斯優良氣候與溫暖土壤的證明，這也有助於促進葡萄達到完美的成熟度。

天候環境也造成了帶甜的口感（2014 年分殘糖量約為每公升 13 克），但這「肥美」的程度成功地支撐寬廣的酸度口感，後者完美地包覆而非切割香料檸檬和杏桃果香的風味。
正如本書所選的絕大多數酒款，這款酒的品質與眾不同，亦即它不但具有代表性，也很出色，在口中綿綿不絕的風味再次反映了這「與眾不同」的品質。

如同菲利浦．布藍克所說，灰皮諾的正確性，完全取決於釀酒人能否成功演繹出魯本斯風格（Rubenesque）——即腰上贅肉——的調性，如同這款來自 Patergarten 留地的灰皮諾美酒所成功展現，兼具分量、濃郁度與恰如其分的可口風味。

離開 Paul Blanck 酒莊後，可以往北 10 公里來到同樣小巧可愛的 Rorschwihr 村，造訪 Rolly Gassmann 酒莊。

Glass
不論哪種品種，這家歷史悠久的酒莊始終能端出風格珍稀且令人享受的美酒。
27 遲摘型格烏茲塔明娜 Rolly Gassmann, Gewurztraminer, Oberer Weingarten de Rorschwihr Vendanges Tardive (VT) 2005, €€€€€
讓此酒莊展現出陳年潛力與複雜度的，要屬格烏茲塔明娜（Gewurztraminer）葡萄酒；這才是讓它由眾多釀酒業者中出列的明星產品。
RORSCHWIHR
ROLLY GASSMANN VINS D'ALSACE
Rolly Gassmann 酒莊
Rorschwihr 村
D416公路
D18公路
Kientzheim 村
D415公路
Sniff 的品飲筆記
無論酒色或觀感都給人一股明亮的調性。酒色是褪金色澤，帶有明顯的黏稠感，搖杯時可以看到酒液緩慢懶散地由杯壁滑落，而這第一印象又因為香氣而加遽。在預期的玫瑰水和荔枝香氛之外另有多種香味，使得整體香氣複雜，又達到完美的平衡。果味是沾上了蜂蜜的鳳梨、杏桃乾，以及混和了草本調性（如茴香、大茴香籽）的蘋果味，另有明顯撲鼻的薑味。口感則帶有誘人的甜味，風味濃郁，酒體飽滿，酸度明顯低，但似乎不會影響到酒體的平衡感，因為口感嘗來一點也不黏膩。相反的，這款酒令人口頰生津，餘韻風味集中，展現了大量的果香，比其他不耐久的酒款來得更為綿長。

格烏茲塔明娜的二三事

格烏茲塔明娜可以說是葡萄品種中最自大的一個。它的香氣之濃烈強勁，狂妄無比，大概可以說是所有品種中最容易察覺的。

我小時候曾非常熱愛土耳其軟糖；那種以玫瑰水製成再灑上糖粉的怡人黏稠方塊，對於十歲的我可以說是莫大的享受。格烏茲塔明娜嘗起來，就像是土耳其軟糖和我最愛的水果——外皮尖銳但果肉滑溜的荔枝——的綜合體。

但如果這品種聞起來正是我鍾愛的兩種甜品的綜合體，為什麼我這麼少喝它呢？

原因是，這品種香氣過於撲鼻，導致它沒什麼細緻度可言。格烏茲塔明娜是有些俗豔的品種，通常喝了一兩杯後，我就準備好要繼續品嘗一些其他較不濃烈的酒款。

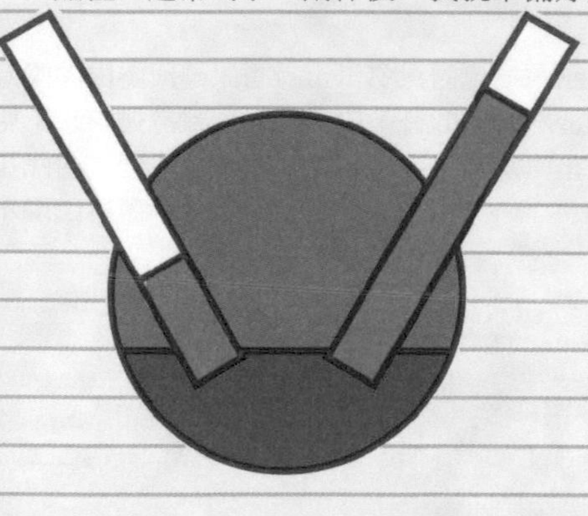

這也是個酸度有限酒體卻相當飽滿的品種，而且因為含糖量高，常會發酵成酒精度偏高的酒。這些形成酒款架構的特質，常導致格烏茲塔明娜缺乏葡萄酒最關鍵的特點——新鮮感。話雖這麼說，市場上還是見得到一些品質出眾、不會一味攻擊飲者味蕾的格烏茲塔明娜，較成熟的酒款尤其如此。第 27 杯酒正是全書 33 杯酒中，年分較老的一款。

和人一樣，歲月也為這款酒帶來類似的魔力。當人們邁入 30、40 或 50 歲時，年輕時的活力與好鬥性多半已（或理應）因為人生歷練而馴服許多。雖然皮膚皺了點、頭髮少了點，肌肉也不如以往紮實，但生活的歷練卻讓人看起來更具吸引力，也顯複雜，像是風格多元、製作複雜，而且帶點鹹鮮風味的法式千層酥。Rolly Gassmann 酒莊的格烏茲塔明娜，便像是那種能夠優雅地發展成傑出成功人士的美酒。

解析
品飲筆記

格烏茲塔明娜是粉紅莎瓦涅（Savagnin Rose）的芳香突變種，顏色也是莎瓦涅的突變；後者正是第 24 杯那款美好的夏隆堡所用的品種。

同一個品種可以有如此不同的兩個面向，

一是有尖挺的酸度與精準度，

另一則有濃郁的香氣和酒體，可以說是葡萄酒多元且偉大的明證。

格烏茲塔明娜和灰皮諾一樣是擁有

深色果皮

的

「白」葡萄品種

這也正是這款酒之所以如此具深度，並展現出深沉酒色的主要原因。

酒款的黏稠性源自酒中的含糖量，是一款遲摘型葡萄酒（Vendanges Tardive，即 VT）。

延後採收時間讓原本糖分很高的格烏茲塔明娜果實再達到甜度高峰，使得釀成酒款嘗來沒有糖漿般黏呼呼的膩感，卻展現出明顯可見的豐厚質地。

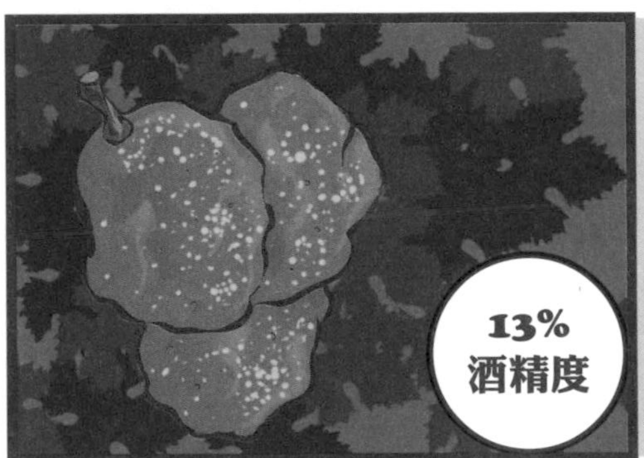
13%
酒精度

杏桃乾、鳳梨與芒果的滋味，暗示這款酒的葡萄沾染上些許貴腐黴。雖然採收時絕大多數葡萄都是「健康」的狀態，添加少數貴腐黴葡萄無疑能為酒款增添複雜度，提升滋味。帶有薑味的個性可能是該品種被稱為「格烏茲」（Gewurz）的原因，這個詞在德文中即有辛香料的意思。飽滿的酒體與酒精度（僅 13%）關聯較小，倒是與酒中果味的濃郁程度有關，又和酒款濃稠的質地相關。

最後，這款酒還給人一種沉穩世故的印象。如果時常練習品酒與美酒賞析，便會發現許多優異酒款的整體觀感常會比其單一特質要來得更優，這款酒便是一例。

但這樣撲香的酒款到底是如何兼顧新鮮感？如此低的酸度又怎麼能撐起豐富的滋味，讓飲者口水直流？
答案是，我不知道。又有誰能真正回答這個問題呢？
VIN D'ALSACE
Rolly Gassmann

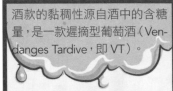

我只知道，如果想一探這撲香濃郁且樂趣十足的品種，蓋斯門（Gassmann）家族的優質格烏茲塔明娜肯定是最佳敲門磚。

阿爾薩斯推薦酒單

第 25 杯：麗絲玲

1. Domaine Ostertag, Grand Cru 'Muenchberg' €€€€
2. Zind Humbrecht, 'Clos Häuserer' €€€
3. Marcel Deiss, €€
4. Kuentz-Bas, Grand Cru 'Geisberg' €€€€
5. Albert Mann, 'Cuvée Albert' €€€
6. Domaine Paul Blanck, Grand Cru 'Furstentum' €€€
7. Rolly Gassmann, 'Kappelweg de Rorschwihr' €€€
8. Boxler, Grand Cru 'Sommerberg' €€€€
9. Trimbach 'Cuvée Frédéric Emile' €€€€
10. Marc Kreydenweiss, Grand Cru 'Kastelberg' €€€€

第 26 杯：灰皮諾

1. Zind Humbrecht, Grand Cru 'Rangen de Thann Clos St Urbain' €€€€€ +
2. Xavier Wymann 'Equilibre' €€
3. Gustave Lorentz, Grand Cru 'Altenberg de Bergheim' €€€€€
4. Charles Sparr, Grand Cru 'Brand' €€
5. Marcel Deiss, €€€
6. Charles Schléret, €€

第 27 杯：遲摘型格烏茲塔明娜

1. Hertzog, 'Sainte Cécile' €€
2. Dopff au Moulin, €€€
3. Dopff et Irion, Grand Cru 'Schoenenbourg' €€€
4. Lucas and André Rieffel, Grand Cru 'Zotzenberg' €€€
5. Marc Kreydenweiss, €€€€
6. Zind Humbrecht, 'Herrenweg de Turckheim Vieilles Vignes' €€€€

香檳 Champagne

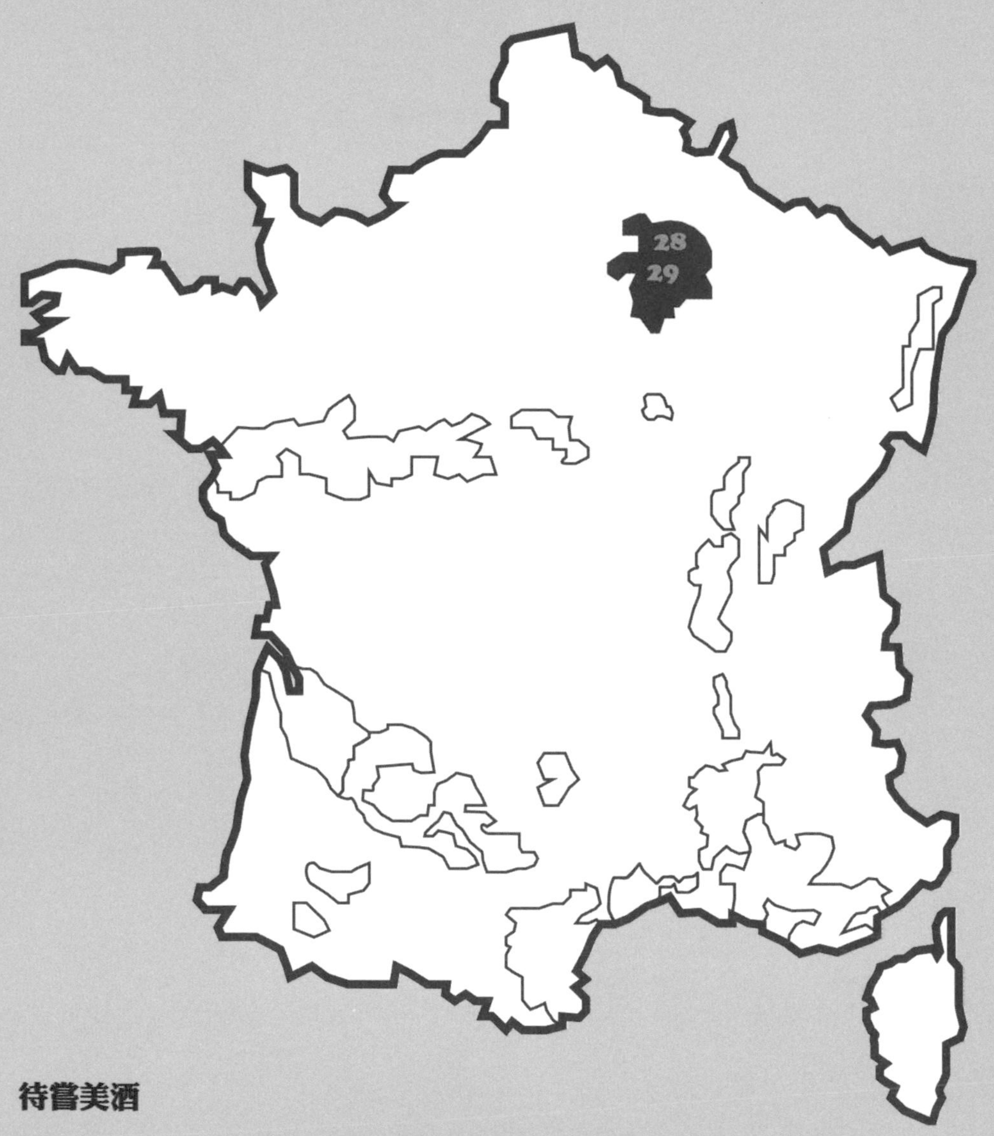
28
29

待嘗美酒

28. Vilmart et Cie, Grand Cellier, Premier Cru, Non-Vintage (NV), Champagne

29. Dom Pérignon 2004, Champagne

你身邊那些憤世嫉俗的人可能會覺得，香檳與慶祝的聯想不過是多年來成功的產品行銷結果。畢竟，一樣是船的下水典禮、成功奪冠的運動賽事，或地標建物的週年紀念，有氣泡的酒為何硬是比沒氣泡的受歡迎？
HMS Sniff.
2
1
3
嗯，這可能與香檳的戲劇張力有關。
酒瓶沉甸甸的重量感覺不止很有料，還很安全，
以錫箔包覆的瓶頸更讓人忍不住想一探其中。
撕開錫箔後，便可以看到裡頭的金屬網，
轉開六次移除金屬網後，就可以看到赤裸裸的瓶頸與軟木塞。
到這個時候，如果酒款有被小心對待，而且也經過適宜的冷卻程序，瓶塞內的 6 大氣壓理應還安然地被困在瓶中，開瓶的人需要溫柔地扭轉瓶身，才能釋放瓶內壓力。
加上手掌輕推一下，就可以成功幫助瓶內精靈重獲自由。
開香檳的聲音理應是盡可能柔細的「呼」一聲，不被悶住卻盡可能節制、嚴格控管的音量。

反之，如果香檳被惹怒，例如瓶內溫度直逼溫室，裡頭的二氧化碳就可能會抓狂，一逮到機會就爆衝出瓶外。如果是在台上領獎，下一場香檳雨可能再完美不過，但如果你是真的想喝，可能就有些困難。

任何標榜以「傳統法」——透過二次酒精發酵將氣體困在瓶中的釀法——釀造的酒款，都會有上述提及的類似情形。
香檳不是唯一的傳統法氣泡酒，世界上有許多表現優良的酒款都以此法釀成，包括北加州、塔斯馬尼亞（Tasmania）、義大利 Franciacorta，以及英國南部天候冷涼的葡萄園。這其中不乏一些我最愛的酒款，
但截至目前為止，我還沒品嘗到任何品質勝過這個法國北部葡萄園的氣泡酒。這裡的酒款個性無與倫比，這是以成熟度、高亢酸度和複雜度組成的致勝公式。
香檳區
漢斯
(Reims)
巴黎

沒錯，這裡的大品牌可能花了大把鈔票在行銷上，但真正的好香檳確實值得受注目，這不只是在學習酒款冒泡的成因，而是一場學習葡萄酒的旅程。

在埃佩爾奈（Épernay）的香檳大道（Avenue de Champagne）上漫步，你大概會以為自己正身處香檳葡萄酒產業的心臟地帶。

Glass 28 無年分香檳 Vilmart et Cie, Grand Cellier, Premier Cru, Non-Vintage (NV), Champagne, €€€€

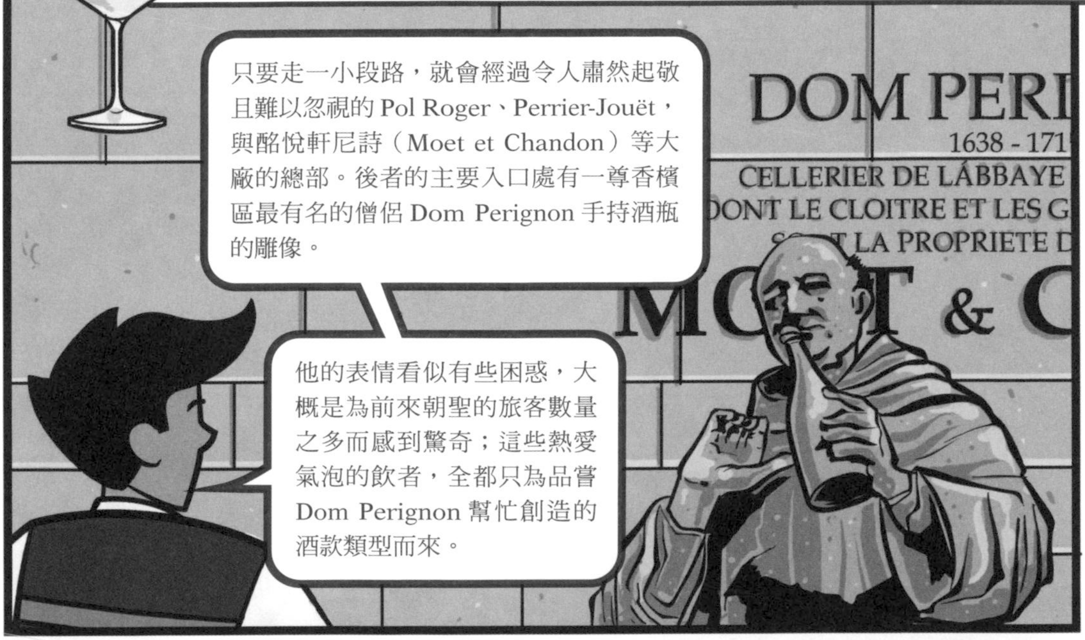

只要走一小段路，就會經過令人肅然起敬且難以忽視的 Pol Roger、Perrier-Jouët，與酩悅軒尼詩（Moet et Chandon）等大廠的總部。後者的主要入口處有一尊香檳區最有名的僧侶 Dom Perignon 手持酒瓶的雕像。

他的表情看似有些困惑，大概是為前來朝聖的旅客數量之多而感到驚奇；這些熱愛氣泡的飲者，全都只為品嘗 Dom Perignon 幫忙創造的酒款類型而來。

這些香檳廠（House）之宏偉壯觀，以及其大門口那些過度華麗的裝飾，彷彿足以令人淡忘，真正的香檳其實是來自城市周圍那些點綴於白堊山丘、平原與谷地的無數小村莊。

RILLY
LA MONTAGNE

和其他產業相同，香檳也有超級品牌，或稱為「Grand Marques」；這些大廠在不斷將產區名聲推廣至全世界的同時，又能夠端出品質極佳且產量可觀的酒款。然而唯有驅車造訪產區內的小村莊，探訪當地獨立酒農與釀酒人，以及支撐這片魅力十足香檳產區背後的小型家庭酒莊，才有機會真正了解香檳產區的靈魂。

埃佩爾奈城周邊三個表現出色的釀酒產區，分別是占地最廣的漢斯山脈（Montagne de Reims）、白丘（Côte des Blancs）與馬恩河谷（Vallée de la Marne）。
漢斯
Rilly-la-Montagne 村
馬恩河谷
漢斯山脈
埃佩爾奈
白丘
漢斯「山」至高僅海拔 288 公尺，山區北部面對歷史古城漢斯（Reims）的 Rilly-la-Montagne 坡地小村，正是羅倫·夏姆（Laurent Champs）的家鄉，他是家族第五代從事香檳生產的業者。
羅倫向來清楚自己要釀的是好酒，有氣泡當然更加分，但不是絕對。這樣的釀酒哲學，讓他的家族酒莊 Vilmart 吸引不少不只視香檳為開胃酒的飲者欣賞；這些是具有複雜度的酒款，但也能與料理搭配地相得益彰。
D409公路
A4公路
D9公路
Vilmart & Cie酒莊

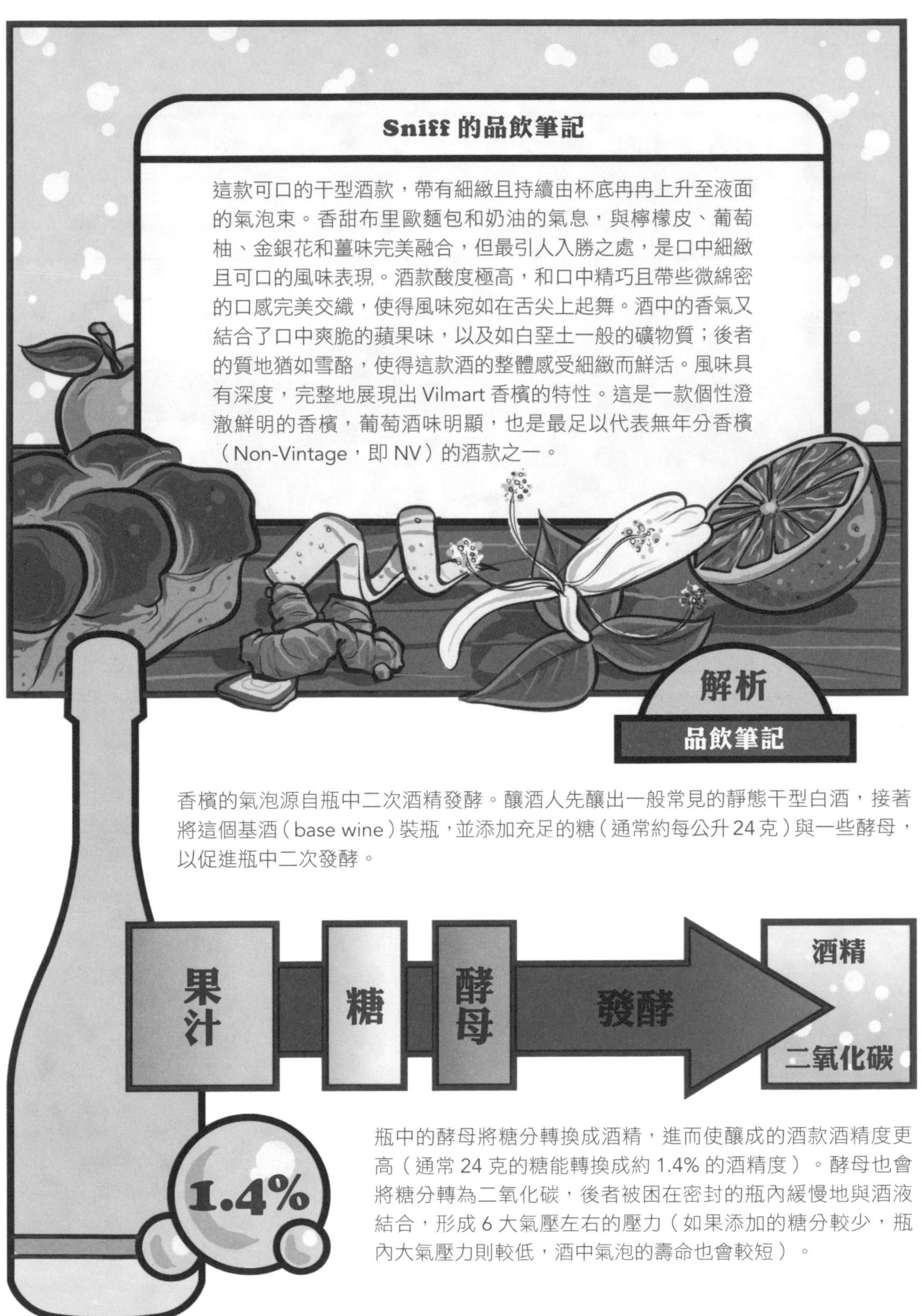

Sniff 的品飲筆記
這款可口的干型酒款，帶有細緻且持續由杯底冉冉上升至液面的氣泡束。香甜布里歐麵包和奶油的氣息，與檸檬皮、葡萄柚、金銀花和薑味完美融合，但最引人入勝之處，是口中細緻且可口的風味表現。酒款酸度極高，和口中精巧且帶些微綿密的口感完美交織，使得風味宛如在舌尖上起舞。酒中的香氣又結合了口中爽脆的蘋果味，以及如白堊土一般的礦物質；後者的質地猶如雪酪，使得這款酒的整體感受細緻而鮮活。風味具有深度，完整地展現出 Vilmart 香檳的特性。這是一款個性澄澈鮮明的香檳，葡萄酒味明顯，也是最足以代表無年分香檳（Non-Vintage，即 NV）的酒款之一。
解析
品飲筆記
果汁
糖
酵母
發酵
酒精
二氧化碳
1.4%

香檳的氣泡源自瓶中二次酒精發酵。釀酒人先釀出一般常見的靜態干型白酒，接著將這個基酒（base wine）裝瓶，並添加充足的糖（通常約每公升 24 克）與一些酵母，以促進瓶中二次發酵。

瓶中的酵母將糖分轉換成酒精，進而使釀成的酒款酒精度更高（通常 24 克的糖能轉換成約 1.4% 的酒精度）。酵母也會將糖分轉為二氧化碳，後者被困在密封的瓶內緩慢地與酒液結合，形成 6 大氣壓左右的壓力（如果添加的糖分較少，瓶內大氣壓力則較低，酒中氣泡的壽命也會較短）。

酒中令人聯想到的麵包（餅乾、麵包、布里歐或麵團等）氣味，主要來自香檳在瓶中二次發酵後，酵母渣浸泡培養的時間長短。依法規，無年分香檳需要至少陳年 12 個月，但羅倫的 Grand Cellier 香檳與酵母渣培養的時間達法規的兩倍，釀成的酒自然充滿了類似怡人的麵包香氣。

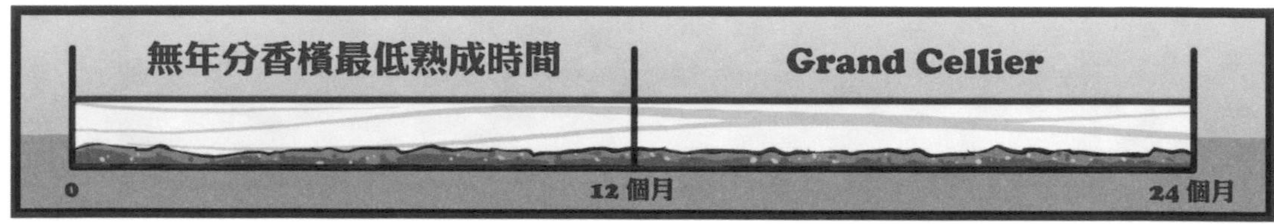
無年分香檳最低熟成時間
Grand Cellier
0
12 個月
24 個月

酒中綿密的滋味同樣和與酵母渣培養有關（我們在第 13 杯酒時討論過）。

這款酒的果味風格以柑橘類為主，另有白花香，這些都是以夏多內為主的香檳常見的風格，而非以莓果風味主導的黑皮諾或皮諾莫尼耶（Pinot Meunier）香檳；後兩者也是香檳區常見的品種。這款酒雖然來自漢斯山脈（該產區種植最多的是黑皮諾），卻是以 70% 的夏多內與 30% 的黑皮諾釀成。

70%
夏多內

酒款在口中明顯緊緻的酸度，是許多香檳愛好者都非常熟悉的特性；這是因為香檳區坐落於緯度偏北的寒涼地區使然。

為了釀出風味緊緻且帶明顯酸味的香檳，羅倫刻意不讓酒款經過乳酸轉換（我們在第 19 杯時討論過勒胡那款帶有鹹味且令人口頰生津的聖歐班白酒），以確保酒款保留較高的蘋果酸和整體而言較高的酸度。

羅倫偏愛酒款展現出直接的酸度，深信這種酸度能讓酒款嘗來更加純淨澄澈。

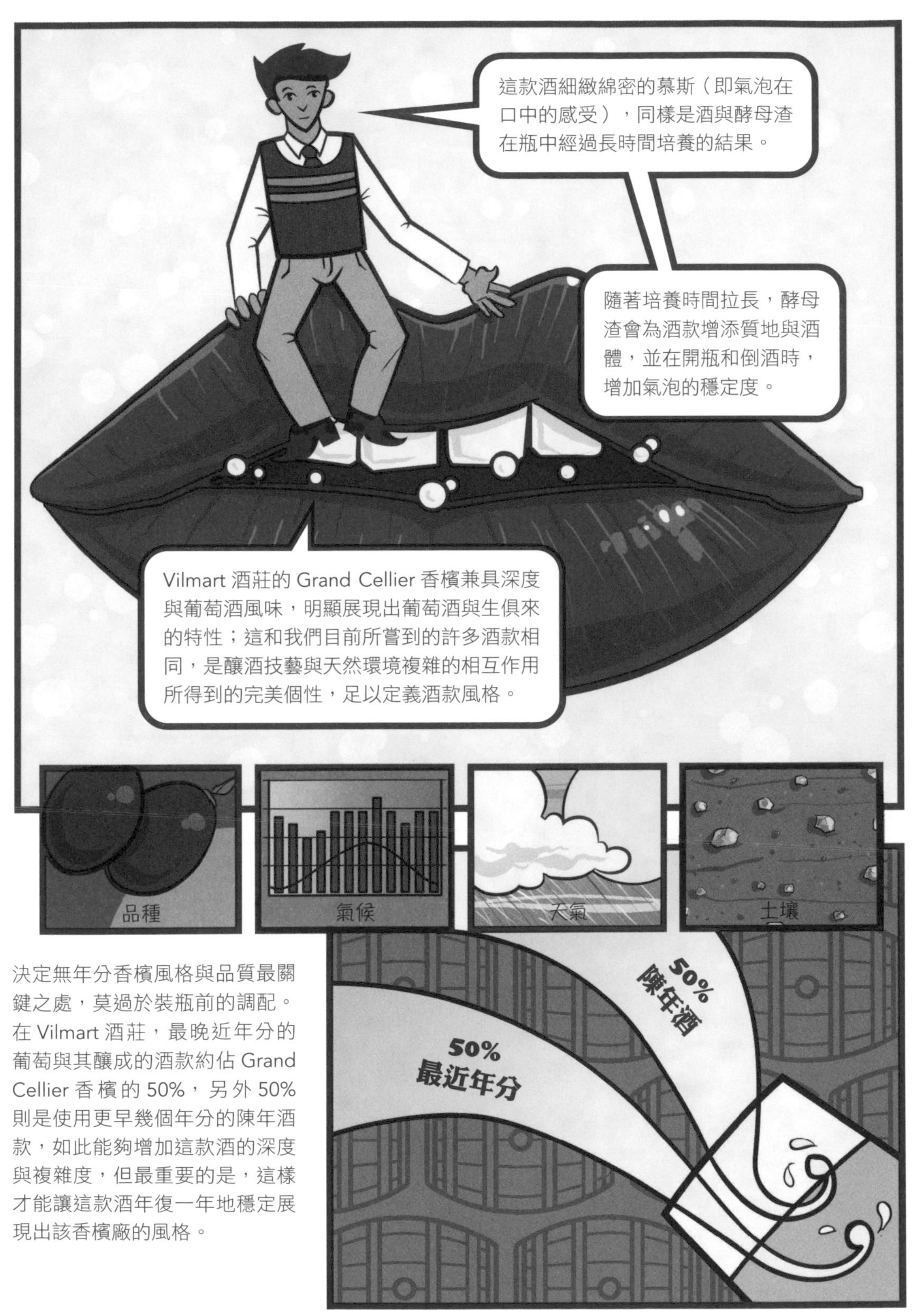

這款酒細緻綿密的慕斯（即氣泡在口中的感受），同樣是酒與酵母渣在瓶中經過長時間培養的結果。
隨著培養時間拉長，酵母渣會為酒款增添質地與酒體，並在開瓶和倒酒時，增加氣泡的穩定度。
Vilmart 酒莊的 Grand Cellier 香檳兼具深度與葡萄酒風味，明顯展現出葡萄酒與生俱來的特性；這和我們目前所嘗到的許多酒款相同，是釀酒技藝與天然環境複雜的相互作用所得到的完美個性，足以定義酒款風格。
品種
氣候
天氣
土壤
50%
陳年酒
50%
最近年分

決定無年分香檳風格與品質最關鍵之處，莫過於裝瓶前的調配。在 Vilmart 酒莊，最晚近年分的葡萄與其釀成的酒款約佔 Grand Cellier 香檳的 50%，另外 50% 則是使用更早幾個年分的陳年酒款，如此能夠增加這款酒的深度與複雜度，但最重要的是，這樣才能讓這款酒年復一年地穩定展現出該香檳廠的風格。

這款酒的不甜風味來自於補液（dosage）多寡。補液是帶有甜味的酒，是除渣（disgorgement，從瓶內移除死去酵母渣的過程）後、裝瓶前添補的酒液；香檳需經過除渣，倒出的酒才會澄澈透明，不至於顯得混濁不清。

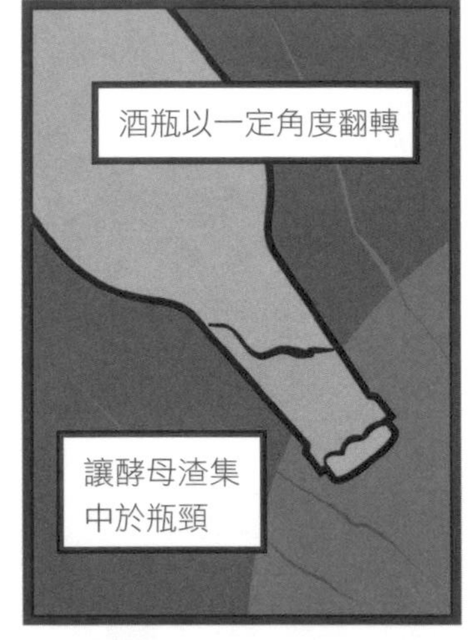
酒瓶以一定角度翻轉
讓酵母渣集中於瓶頸

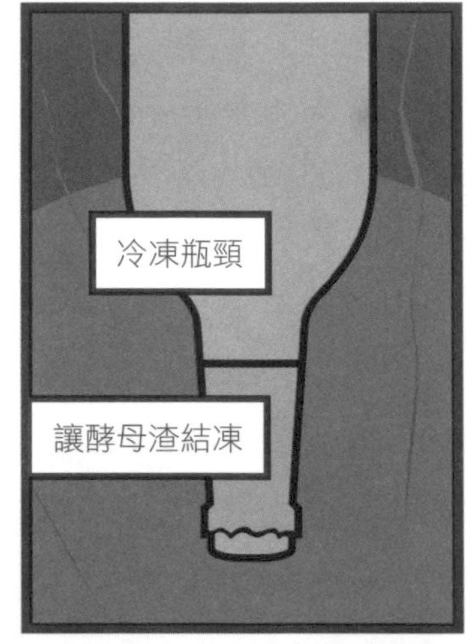
冷凍瓶頸
讓酵母渣結凍

小心地移除金屬瓶蓋

冰凍的酵母渣隨氣體壓力釋放而彈出

香檳因而顯得澄澈

補液中的糖分通常介於每公升 6 至 12 克，多數香檳都是屬於這個級別，也就是干型香檳。

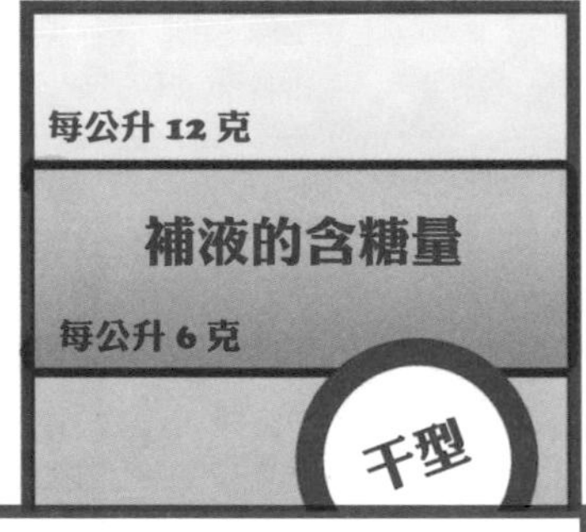
每公升 12 克
補液的含糖量
每公升 6 克
干型

CHAMPAGNE
Vilmart & Cie
GRAND CELLIER

羅倫的 Grand Cellier 香檳含糖量為每公升 8 克，嘗來不至於帶甜，卻足夠軟化強勁的酸度，同時維持酒款澄澈清透的滋味；後者可以說是 Vilmart 酒款普遍展現的特性。

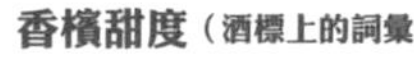

香檳甜度（酒標上的詞彙）

天然干型（Brut Nature）：不添加補液，殘糖量至多可達每公升 3 克，因為瓶中二次發酵後可能殘留有尚未發酵完全的糖分。

極干型（Extra Brut）：殘糖量至多每公升 6 克。

干型（Brut）：殘糖量至多每公升 12 克（最常見的香檳甜度級別）。

不甜型（Extra-Sec）：殘糖量至多每公升 17 克（多數義大利 Prosecco 氣泡酒都是這個級別）。

微甜型（Sec）：殘糖量至多達每公升 32 克。

半甜型（Demi-Sec）：殘糖量至多達每公升 50 克。

甜型（Doux）：殘糖量每公升超過 50 克。

Dom Pérignon（簡稱 DP）大概是葡萄酒中名聲最響亮的品牌，也是貨真價實的葡萄酒傳奇。這品牌極為成功，酒價不但穩居奢侈品類別，品質更鮮少令人失望，使得酒款向來聲名遠播。

29 年分香檳 Dom Pérignon 2004, Champagne, €€€€€ +

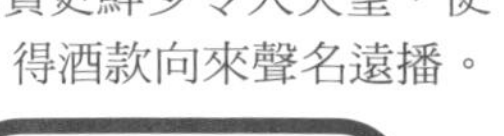

但值得為一瓶酒花超過 100 歐元嗎？相信我，這物有所值。

如果兩個人想一同去英國看英格蘭足球超級聯賽，或到米蘭 La Scala 歌劇院欣賞歌劇，又或是去加州迪士尼樂園玩，這些體驗的花費其實與一瓶 DP 是不相上下的。

分享這樣一瓶偉大好酒更是獨一無二的體驗；這無疑能在沮喪的週二工作日帶來令人顫慄的興奮感。當生活變得平凡乏味時，它是讓人生再次甜美的墮落之飲，是緩解疲憊的特效藥。

Sniff 的品飲筆記

多束細緻微小的氣泡不間斷地上升，在液面破碎成細小的泡沫。將鼻子湊進杯緣，可以聞到這款美酒的香氣，既濕潤鼻孔又深入肺部深處。這款酒帶有明顯的烘烤味，結合了點燃火柴那股刺激卻怡人的煙硝味，其上另有乾燥花的香氣與風味苦甜的橘子槻皮味；後者與我們品嘗過的頂級布根地白酒不無相似之處。口感滋味滿點，果味集中，平衡以緊緻的酸度；這款干型香檳質地怡人可口，慕斯綿密細緻。餘韻同樣非比尋常，每一個元素都恰如其分，平衡且怡人，風味持久，展現了具有深度的礦物滋味，令人想再來一杯，如果你夠幸運的話。

Sniff.

解析
品飲筆記
滿覆口腔的細緻綿密慕斯，以及宛如針孔般細微冉冉而升的氣泡，都與酒款的年歲有直接的關係。
酒款於除渣後繼續發展，瓶中的二氧化碳會緩慢透過軟木塞散去，使得原本明顯的發泡程度逐漸降低。
由於 Dom Pérignon（在除渣之前）會與酵母渣一同培養至少 7 年，使得酒款通常帶有明顯的烘烤調性。
至於點燃火柴的香氣，部分是導因於酒款在釀造與熟成期間鮮少與氧氣接觸的結果。
不同於 Vilmart 使用橡木桶發酵，DP 的酒款普遍於不銹鋼桶槽中發酵；根據酒窖總管理查．朱弗瓦（Richard Geoffroy），如此有助於保留果實原有的白堊礦物質特性，和類似果實櫬皮的口感，而長時間與酵母渣培養，更有助於維持甚至提升這項特質。
記住，酵母渣在酒中扮演的角色像是吸塵器，確保酒款不受氧氣干擾，在長時間的瓶中培養過程中，維持酒款純淨清透的果味特質。

對於熱愛黑皮諾的飲者而言，這款酒所展現的乾燥花香氣聞起來可能有些熟悉，這是因為 DP 絕大多數的年分香檳，都是以等量的黑皮諾和夏多內釀成。

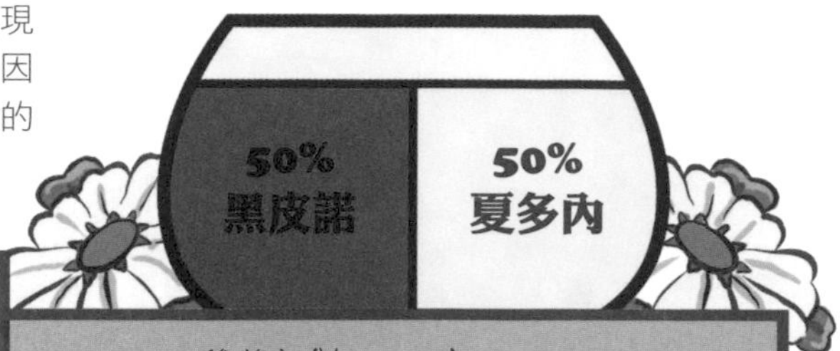

50%
黑皮諾

50%
夏多內

酒款的風味之所以如此濃郁且集中，主要是因為酒莊只選用來自最好地塊的葡萄。

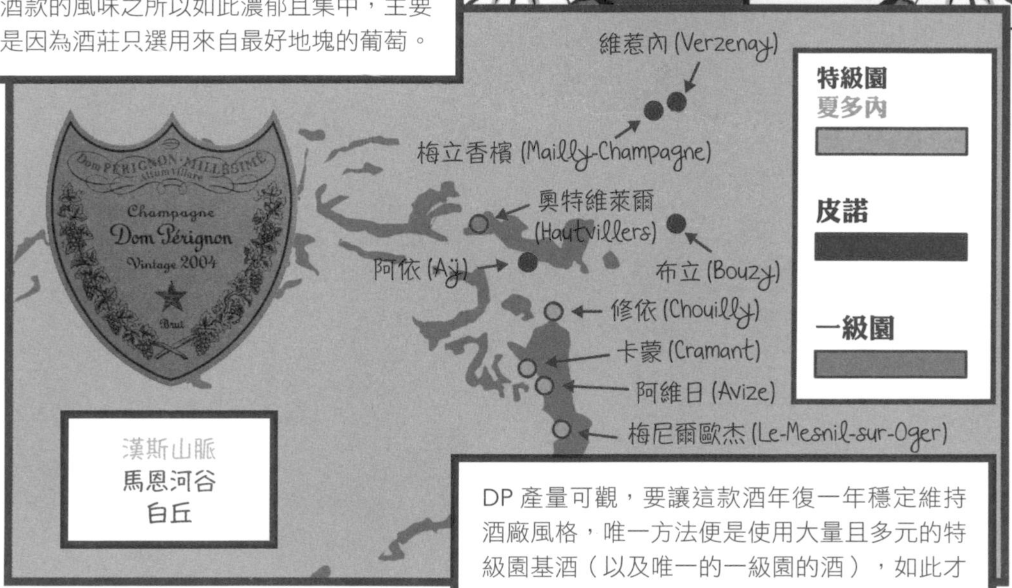

維慈內 (Verzenay)

梅立香檳 (Mailly-Champagne)

奧特維萊爾 (Hautvillers)

阿依 (Aÿ)

布立 (Bouzy)

修依 (Chouilly)

卡蒙 (Cramant)

阿維日 (Avize)

梅尼爾歐杰 (Le-Mesnil-sur-Oger)

Dom PÉRIGNON · MILLÉSIME
Altum villare
Champagne
Dom Pérignon
Vintage 2004
Brut

特級園
夏多內

皮諾

一級園

漢斯山脈
馬恩河谷
白丘

DP 產量可觀，要讓這款酒年復一年穩定維持酒廠風格，唯一方法便是使用大量且多元的特級園基酒（以及唯一的一級園的酒），如此才能確保酒款的品質與產量均達標。

DP 的高酸度符合了緯度偏北的香檳產區葡萄園會有的表現，但讓這款酒如此引人入勝且怡人，則是來自於酒款平衡的風味。某些酒需要時間來卸下艱澀的盔甲，某些則適合趁年輕時享用鮮活的果味，然而 DP 卻不受品飲時間的侷限，既可年輕飲用，也可熟成後享受。從其濃郁的風味、複雜度，與綿長的餘韻可得知，這款酒是釀來窖藏用的，但它平易近人的個性與如奎寧一般的苦味，也讓它相當新鮮易飲。

要解釋這極為優雅且迎人的餘韻，最直接的方式就是引述酒窖總管理查．朱弗瓦的話語。他說，他心目中的 DP 應該具有
「流動性與質地…… 就像是衝浪選手遇上了完美的浪頭一樣。」
我想任何品飲 DP 的人都會認為，朱弗瓦先生的形容用在法國最光鮮亮麗的產區所介紹的第二瓶酒款，再恰當不過了。

香檳推薦酒單

第 28 杯：無年分香檳

1. Charles Heidsieck, 'Réserve Brut' €€€€
2. Bollinger, 'Special Cuvée Brut' €€€€
3. Krug, 'Grand Cuvée Brut' €€€€€ +
4. Egly-Ouriet, 'Brut Grand Cru' €€€€
5. Taittinger, 'Prelude Grand Crus Brut' €€€€€
6. Larmandier-Bernier, 'Terre de Vertus Non-Dosé 1er Cru' €€€€
7. Pierre Peters, 'Extra Brut' €€€€
8. Jacquesson, 'Cuvée 739 Extra Brut' €€€€
9. Henriot, 'Souverain Brut' €€€€
10. Louis Roederer, 'Premier Brut' €€€€

第 29 杯：年分香檳（含近幾年分的年分香檳）

1. Pol Roger 'Brut' 2008 €€€€€
2. Louis Roederer, 'Cristal Brut' 2008 €€€€€ +
3. Delamotte 'Blanc de Blancs Brut' 2007, €€€€€
4. Deutz, 'Brut' 2006 €€€€
5. Philipponat 'Clos des Goisses Brut' 2006 €€€€€ +
6. Bollinger 'La Grande Année Brut' 2004 €€€€€ +
7. Bruno Paillard, 'Blanc de Blancs Brut' 2004 €€€€€
8. Domaine Ruinart 'Brut' 2002 €€€€€ +
9. Krug 'Brut' 2002 €€€€€ +
10. Henriot, 'Cuvée des Enchanteleurs Brut' 1996 €€€€€ +

羅亞爾河 The Loire

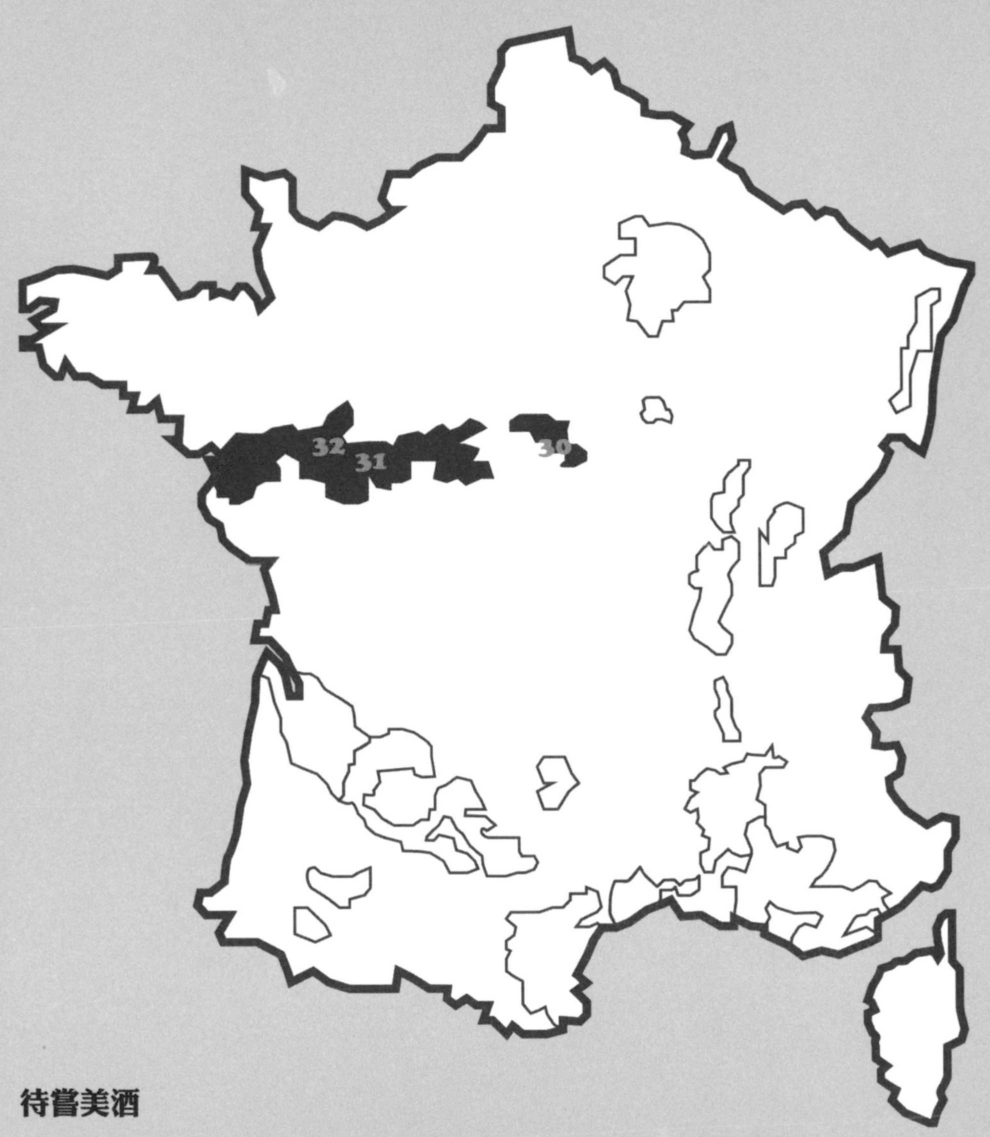

32
31
30

待嘗美酒

30. Henri Bourgeois, La Bourgeoise, Sancerre 2015

31. Domaine de la Butte, Mi-Pente, Bourgeuil 2014

32. Eric Morgat, Fides, Savennières 2013

對已經在香檳區遊覽暢飲整個星期後，還想要繼續恣意玩樂的旅客而言，近在咫尺又燈火燦爛的巴黎，可以說是下一個相當令人難以抗拒的景點。

但如果你能捨棄前往歐洲最偉大且光彩奪目的首都之一，不妨放棄西行直接向南，經由法國北部的平坦地區，造訪這個偉大國家的心臟地帶——羅亞爾河產區。

羅亞爾河與流經的產區同名，自中央山地（Massif Central）發跡，一路向西延伸達 1000 公里，最後沒入大西洋，途中經過各式地理景觀，而廣泛種植於河沿岸的品種所釀出的酒款，可謂全球表現最優異的酒款。

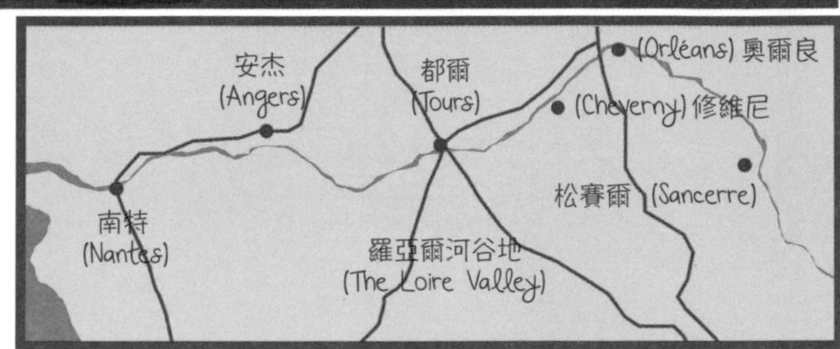
安杰 (Angers)
都爾 (Tours)
(Orléans) 奧爾良
(Cheverny) 修維尼
松賽爾 (Sancerre)
南特 (Nantes)
羅亞爾河谷地 (The Loire Valley)

雖然羅亞爾河的酒款種類與風格多元，這個占地廣大的產區依舊深受緯度偏北的地理位置影響。

這可以說是定義該產區酒款風格最明顯的原因之一，這裡絕大多數酒款都展現出高酸的架構，反應出當地位處北緯 47 度的冷涼氣候。

表現最佳的羅亞爾河酒款多有純粹的果味和柔軟的酒體，風味精準，氣質出眾，總是展現出恰如其分的稜角。

如果當年分太具挑戰性，即天候太冷或太濕，酒中的草本香氣可能會過重，導致酒款嘗來有些貧瘠，缺乏優質年分所展現的成熟度與肥美口感。

二十世紀最後十年的初期，即紐西蘭馬爾堡還沒成功地向世界展現出自己能端出全球最撲香的白蘇維濃之前，松賽爾一直被視為該品種的心靈歸宿。

Glass

30 松賽爾白酒 Henri Bourgeois, La Bourgeoise, Sancerre 2015, €€€

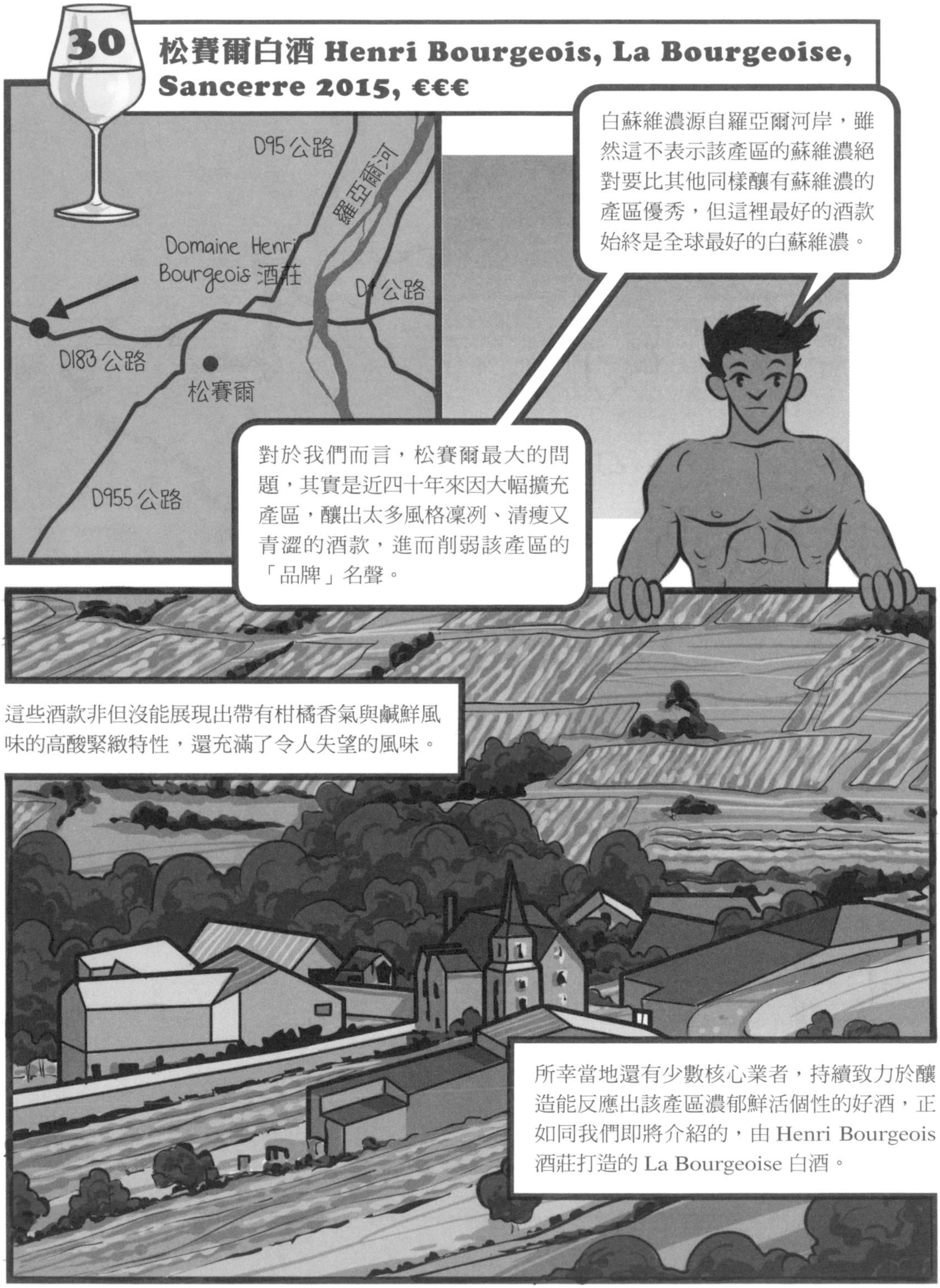

D95公路
羅亞爾河
Domaine Henri Bourgeois 酒莊
D183公路
松賽爾
D955公路

白蘇維濃源自羅亞爾河岸，雖然這不表示該產區的蘇維濃絕對要比其他同樣釀有蘇維濃的產區優秀，但這裡最好的酒款始終是全球最好的白蘇維濃。

對於我們而言，松賽爾最大的問題，其實是近四十年來因大幅擴充產區，釀出太多風格凜冽、清瘦又青澀的酒款，進而削弱該產區的「品牌」名聲。

這些酒款非但沒能展現出帶有柑橘香氣與鹹鮮風味的高酸緊緻特性，還充滿了令人失望的風味。

所幸當地還有少數核心業者，持續致力於釀造能反應出該產區濃郁鮮活個性的好酒，正如同我們即將介紹的，由 Henri Bourgeois 酒莊打造的 La Bourgeoise 白酒。

Sniff 的品飲筆記

香氣撲鼻且芬香，帶有濃重的粉紅葡萄柚、百香果，以及烘烤白桃的香氣，另佐以一股蕁麻草本香。此外還透出些許女性化的麝香，不費吹灰之力便顯得光彩奪目。口感極酸，但相當平易近人，因為有大量豐裕的果味加以平衡。另有礦物味和白堊土的調性與些許鹹味，風格直接，口感緊緻，一路延續至令人心滿意足的餘韻。雖然平易近人，卻讓人覺得是能繼續發展的酒，它目前還相當年輕，是有勁道且濃郁度十足，預計未來會發展成風味更多元寬廣的酒款。

解析

品飲筆記

白蘇維濃大概是所有釀酒葡萄中，最多香又最容易辨認的品種之一。

羅亞爾河冷涼的氣候，讓葡萄得以保留品種原有的香氣，即草味、蕁麻的調性，以及葡萄柚和較異國調性的百香果味。

在較溫暖的產區，或當酒農選擇稍微延後採收時間，蘇維濃葡萄原有的風味與香氣分子會比較不顯著。

舉例來說，試試加州納帕的蘇維濃單一品種酒吧！當地傳統稱蘇維濃白酒為「白芙美」（Fumé Blanc）；希望你也會喜歡這樣的酒款風格，但它的香氣肯定不及羅亞爾河。

La Bourgeoise
SANCERRE
HB
HENRI BOURGEOIS
wine-searcher.com

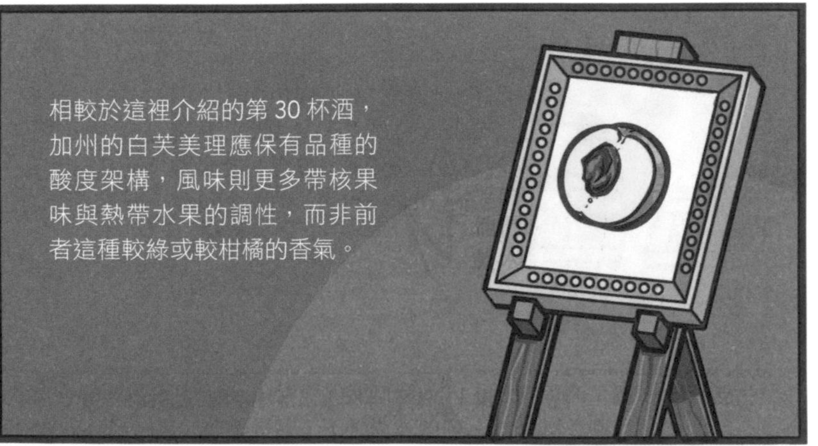

相較於這裡介紹的第 30 杯酒，加州的白芙美理應保有品種的酸度架構，風味則更多帶核果味與熱帶水果的調性，而非前者這種較綠或較柑橘的香氣。

這款酒內斂的烘烤香氣，來自酒款曾有部分在法國橡木桶中發酵與培養，其中一部分為全新桶。
以新桶培養葡萄酒在松賽爾並不常見，因為多數釀酒業者都傾向保留酒中純粹的果味，而非讓酒接觸氧氣。
因為他們擔心木桶／氧化培養會降低蘇維濃鮮活的特性，然而以這款酒而言，酒款雖經過木桶培養，卻絲毫不減損其來自松賽爾的基本調性。
整體而言，濃郁的香氣、多酸的個性，以及帶有鹹味的礦物風格，依舊是這款酒的主軸，只是又多了點曾於桶中培養所帶來且提升的深度。
這款酒的麝香氣息則是另一個品種特性，然而這樣的香氣濃度非但不令人反感，反而因此擄獲人心，為酒款增添一股複雜的調性。
La Bourgeoise 是以酒莊樹齡最老的葡萄釀成，想必這是酒款能展現出如此勁道、濃郁度與鮮活調性的主因。
過去的經驗告訴我，好年分的 La Bourgeoise（截至 2015 年，近十年最好的年分可能是2010年）通常能夠繼續發展 10 年以上的時間。
因此，如果你有機會找到松賽爾，不妨購入待日後享用，畢竟市面上沒有多少禁得起陳年又可口的蘇維濃可供收藏。

Glass 31

布戈憶 Domaine de la Butte, Mi-Pente, Bourgeuil 2014, €€

隨著和緩的河水由松賽爾向北走，羅亞爾河接著會帶你來到奧爾良（Orléans），這裡是駐足享受午餐的好地方。

從那兒，羅亞爾河開始往西與南邊延伸成形，並在350公里後沒入大西洋，不過我們沒有要跟著走這麼遙遠的旅程。

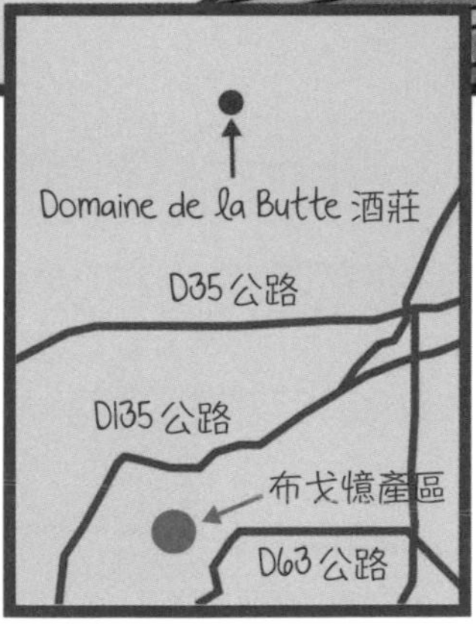

Domaine de la Butte 酒莊

D35公路

D135公路

布戈憶產區

D63公路

繞著 Blois 外圍走，在行經梧雷（Vouvray）時經過名聲響亮的兩家酒莊 Huet 與 Clos Naudin 之後，又繼續開了 20 分鐘的車才來到目的地，即釀造布戈憶（Bourgueil）酒款的石灰岩與礫石緩坡產區。

依法規定，布戈憶的酒款需要以至少90%的卡本內弗朗釀成，但這是一個令人意見紛歧的品種。身為卡本內蘇維濃的雙親之一，它理應不需任何介紹，也無須另外解釋它的價值。

90%

但在波爾多，卡本內弗朗較為細軟的單寧、較不具刺激性的酸度，以及更內斂的香氣，反讓它成為較不高貴的品種，比不過身為後代的卡本內蘇維濃。

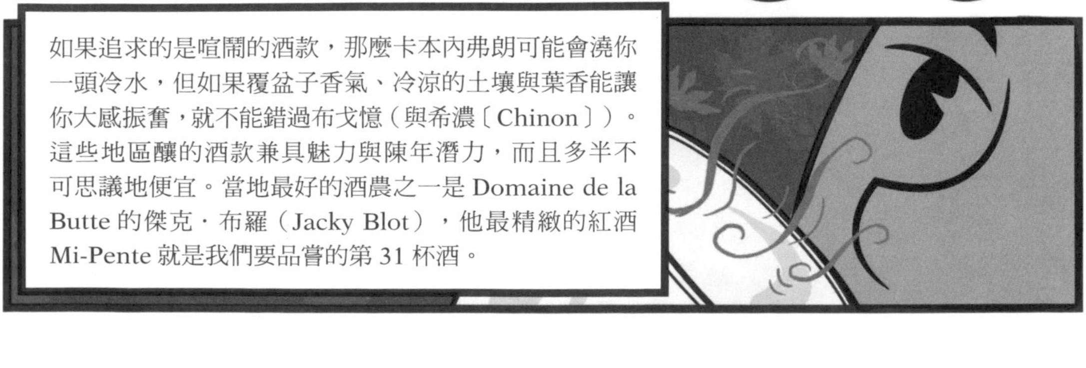

如果追求的是喧鬧的酒款，那麼卡本內弗朗可能會澆你一頭冷水，但如果覆盆子香氣、冷涼的土壤與葉香能讓你大感振奮，就不能錯過布戈憶（與希濃〔Chinon〕）。這些地區釀的酒款兼具魅力與陳年潛力，而且多半不可思議地便宜。當地最好的酒農之一是 Domaine de la Butte 的傑克．布羅（Jacky Blot），他最精緻的紅酒 Mi-Pente 就是我們要品嘗的第 31 杯酒。

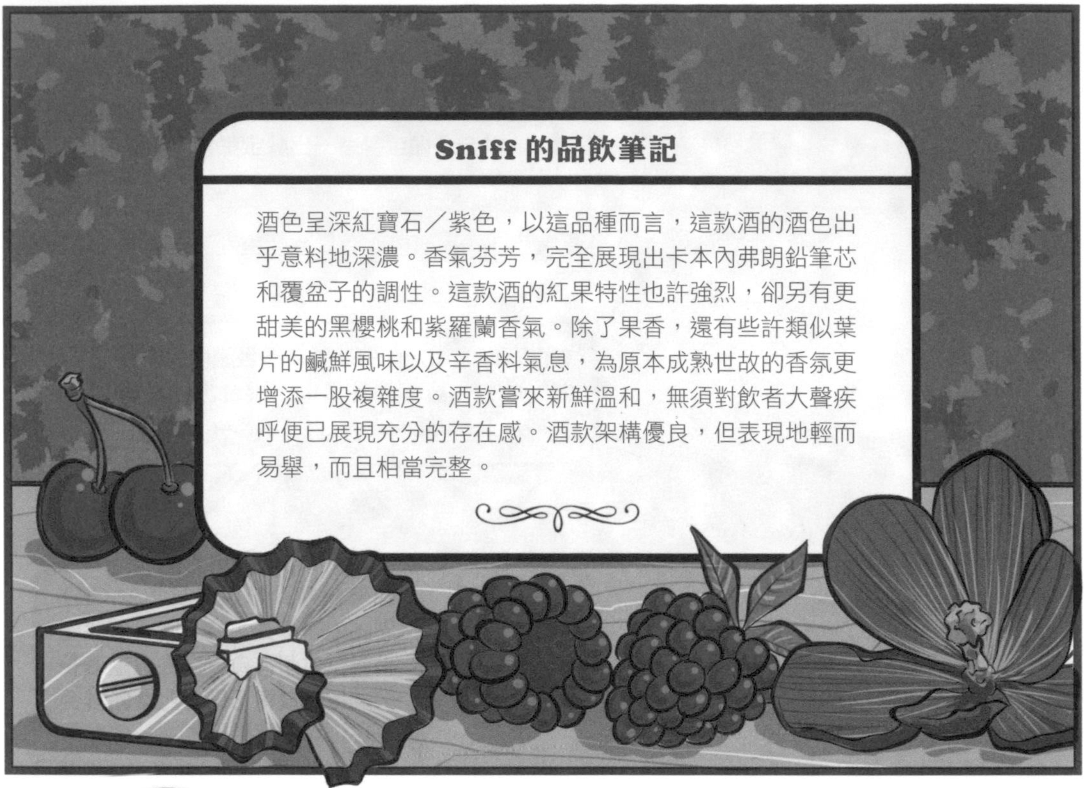

Sniff 的品飲筆記

酒色呈深紅寶石／紫色，以這品種而言，這款酒的酒色出乎意料地深濃。香氣芬芳，完全展現出卡本內弗朗鉛筆芯和覆盆子的調性。這款酒的紅果特性也許強烈，卻另有更甜美的黑櫻桃和紫羅蘭香氣。除了果香，還有些許類似葉片的鹹鮮風味以及辛香料氣息，為原本成熟世故的香氛更增添一股複雜度。酒款嘗來新鮮溫和，無須對飲者大聲疾呼便已展現充分的存在感。酒款架構優良，但表現地輕而易舉，而且相當完整。

解析

品飲筆記

卡本內弗朗也許果實小，果色深，但以該品種釀成的酒，鮮少會展現如這款酒一般深濃的酒色。

相比卡本內蘇維濃，卡本內弗朗在羅亞爾河之所以較受歡迎，不只因為它較早發芽，更重要的是它也較早成熟。

由於羅亞爾河氣候冷涼，卡本內弗朗早熟的特性使其在採收期時，較有機會達到良好的成熟度，釀出優質好酒的機會也因此較高。

話雖這麼説，但以釀造紅酒的氣候而言，羅亞爾河畢竟是屬於邊緣性氣候，釀酒人如果想讓葡萄更成熟，勢必要控制葡萄園產率，才有機會鼓勵葡萄樹將光合作用的精力用來成熟為數較少的果串。

一般產率
控制產率

傑克．布羅便是以在 Domaine de la Butte 酒莊的葡萄園施行低產率種植遠近馳名（以這款酒而言，每公頃常僅有 1,500 至 2,000 公升）。

用來釀造這款 Mi-Pente（意指「中坡」或「半山腰上」）的葡萄，產率本身不需限制便已不高，部分的原因是，這些都是年過 60 的老藤葡萄樹，產量有限。

S
60 歲

DOMAINE
DE
LA BUTTE
2014
BOURGUEIL
MI-PENTE
Jacky Blot

而布羅又透過剪枝來抑制葡萄在短枝上發芽的數量；此外，葡萄園坐落於中坡面南的坐向，更有助於果實獲得大量的陽光以利成熟；這些全都是釀成酒款色深濃郁的原因。

CF

品嘗卡本內弗朗時，最常聽到的品飲詞彙莫過於鉛筆芯與紅莓果香，但經由以上條件所獲得的額外成熟度，則有助於這款酒展現出更多甜美的櫻桃調性。

身為一個非常古老的品種，卡本內弗朗有許多後代，最有名氣者莫過於之前討論過的卡本內蘇維濃；此外，它也是卡門內里（Carmenère）的雙親之一。
卡本內弗朗
卡本內蘇維濃
卡門內里

這三個品種都帶有草本／青綠味／葉味的調性，這是因為它們的果實都含有極高的甲氧基吡嗪（methoxypyrazines）。

當葡萄不成熟時，釀成的酒款可能會有這類青綠風味，令人想起青豆或芭樂，雖然這些味道幾乎不可能全然消失（果真如此豈不略嫌無趣），有時也會轉為葉味或內斂的草本香氣。

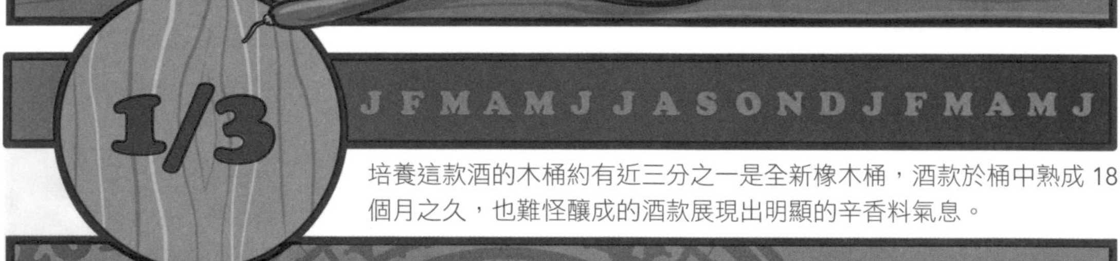

1/3

J F M A M J J A S O N D J F M A M J

培養這款酒的木桶約有近三分之一是全新橡木桶，酒款於桶中熟成 18 個月之久，也難怪釀成的酒款展現出明顯的辛香料氣息。

這款酒的質地相當吸引人，單寧細緻，酸度優良爽脆，但兩者都不過度，不如卡本內蘇維濃來得強烈。

這是一款頗具深度卻又非常親民易飲的酒。除此之外，大量的香氣複雜度與平衡的架構，更顯示了其能夠窖藏 10 年或以上的潛力，對於有耐心的飲者，這無疑是一款能夠從中獲得回報的美酒。

最後一款羅亞爾河的可口美酒，是來自安杰城（Angers）以南的小產區莎弗尼耶（Savennières），除了熱愛葡萄酒的消費者及葡萄酒專家，外界多無所聞。

Glass 32

莎弗尼耶 Eric Morgat, Fides, Savennières 2013, €€€€

莎弗尼耶可以說是法國偉大葡萄酒產區與村莊的終年配角，這大概顯示消費者有多麼不信任這類「有智慧」及需要深入了解的白酒。

莎弗尼耶面積極小，全區僅 145 公頃，但面積小可不曾阻擋艾米達吉（第 15 杯酒）成為世界經典，那麼是什麼使得莎弗尼耶的知名度受阻？

安杰

N323 公路

羅亞爾河

Eric Morgat 酒莊

D160 公路

就算這裡的酒是由白蘇維濃較不普及的姐妹白稍楠（Chenin Blanc）釀成，也無濟於事；雖然這品種帶有蜂蠟與蘋果香，風格獨特，卻沒有性急的白蘇維濃那厚顏無恥的個性。

以風格來說，莎弗尼耶的酒款有一點「髒」（這肯定無法為該產區加分），因為這類酒款大多有濕羊毛與些許微弱的麝香味，特別是 1980 年代與 1990 年裝瓶的酒；但如今的莎弗尼耶「乾淨」了不少，而且精力充沛，展現出銳利的酸度以及相當程度的分量，其力道之強足以使一些飲者感到不知所措。

絕大多數白酒（如果品質優良）都具有高雅和香氛的個性，既引人入勝又活潑有生氣，最適合為重頭戲晚餐鋪路，但莎弗尼耶卻不是扮演配角的酒款。
最好的莎弗尼耶酒有相當程度的質地與豐裕的個性，並支撐以如閃電般明確的酸度，讓預期會喝到簡單易飲白酒的飲者摸不著頭緒。
但我強烈建議各位飲者一嘗莎弗尼耶美酒，放開心胸接納當地最佳的酒款所展現的強烈風格，以及它們鮮明的存在感和個性。

不管品種或酒色為何，莎弗尼耶無疑是全球最偉大的干型白梢楠的家鄉，也是全球最令人驚豔且引人入勝的美酒之鄉。

Sniff 的品飲筆記

香氣明顯，令人想到榲桲果醬、黃蘋果與乳脂，其下另有土壤調性的煙燻礦物風格；後者似乎反應出這款莎弗尼耶葡萄的片岩（火山）土壤的熱度。酒款質地寬廣，酸度優良，既能清潔味蕾，又能引導酒中風味持續至餘韻，綿久不散去。不同於該產區較常見到的健壯酒體，這款酒酒體中等偏輕，但整體感覺以高雅的土壤調性為主，另摻雜有一絲奇妙的風味，令人不禁反覆聞香和品嘗，是一款平易近人又能引人發想的美酒。

解析

品飲筆記

雖然與麗絲玲、蘇維濃、格烏茲塔明娜，或蜜思嘉等芬香品種相比，白梢楠是個較不芳香的品種，但種植在莎弗尼耶的梢楠可鮮少走害羞路線。

這款酒所展現的成熟黃色果味，是全世界各地的梢楠都有的明顯特性，但酒款中持續不斷的煙燻味則較不尋常。

我們很難確定這煙燻味從何而來。高品質的夏多內酒中常有類似的火柴調性，它多半源自於添加在酒中的硫化物。

這瓶莎弗尼耶還有些許岩石風味，宛如酒款在裝瓶前是由一層層岩縫中湧現一般。

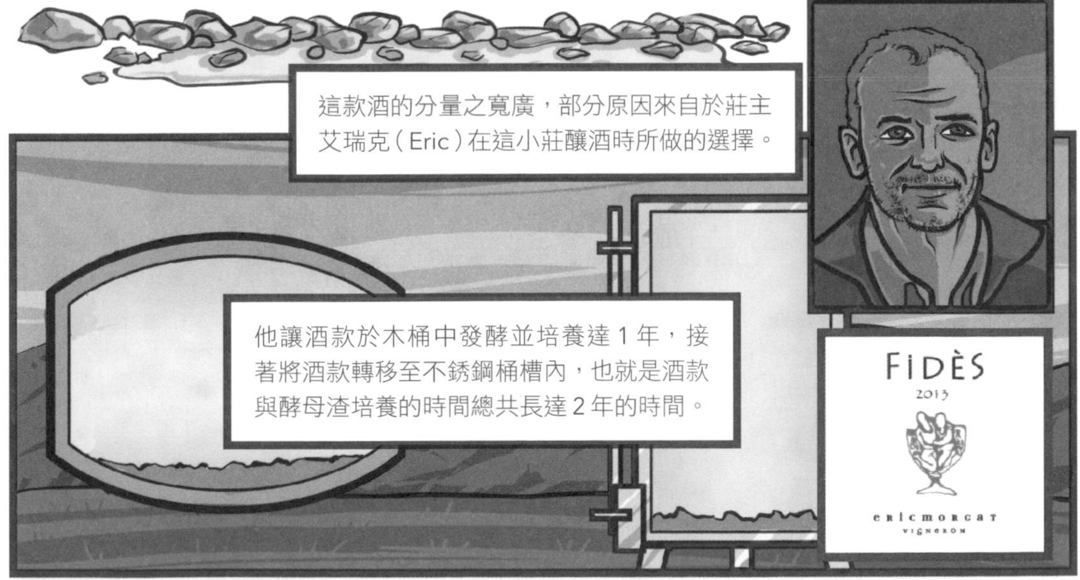

這款酒的分量之寬廣，部分原因來自於莊主艾瑞克（Eric）在這小莊釀酒時所做的選擇。
他讓酒款於木桶中發酵並培養達 1 年，接著將酒款轉移至不銹鋼桶槽內，也就是酒款與酵母渣培養的時間總共長達 2 年的時間。
FIDÈS
2013
ericmorgat
vigneron

如同我們在之前許多杯酒款發現，這樣的釀酒方式有助於增添葡萄酒的質地與綿密程度，也會為釀成的酒款帶來更多分量與豐裕的個性。

如你所想，這樣來自緯度偏北的葡萄酒酸度想必較高，但我們發現，不同品種與不同種植地所釀出的葡萄酒酸度各有異。
麗絲玲的酸度通常較直接、線性且尖挺，令人聯想到鋒利的鋼鐵刀峰，澄澈度則宛如鑽石般；至於梢楠的天然酸度則比較直接，像是一棒擊在口中，近似我在夏多內和匈牙利弗明（Furmint）白酒中所體驗到的。
最好的莎弗尼耶葡萄園通常雨量偏低（每年約 400 至 600 公釐），較少受黴病侵擾，因此較有機會收獲品質優良的葡萄。
貧瘠的頁岩與片岩土壤有助於控制葡萄生長的旺盛度，確保產率維持在低點，如同我們在第 2 杯酒中所見，低產率有利葡萄樹將精力集中於發展少量果實的風味上。
除此之外，由於莎弗尼耶的葡萄園靠近羅亞爾河，有助於維持當地較高的氣溫，使這裡的中型氣候要比它處更適宜葡萄的生長。

這款酒使用的部分葡萄來源即艾瑞克的葡萄園 La Pierre Bécherelle，它最驚人之處莫過於真確地反應了這種氣候現象。這塊葡萄園位處丘陵地，葡萄位置之低直逼河岸，映照在反射自河水的陽光裡。

以上所有討論過的因素，都解釋了莎弗尼耶的酒款如此豐裕又勁道十足，且酒體飽滿的成因，那麼，為什麼我們品嘗的這杯酒卻僅有中量級的酒體呢？
這麼說吧，不管地塊怎麼理想，有時候老天爺就是有辦法在生長季作梗，阻止葡萄園和釀酒人表現出最好的一面。
2013
對莎弗尼耶甚至絕大多數羅亞爾河產區而言，2013 年就是這樣的年分，這也顯現在酒中，使得羅亞爾河的這最後一杯酒嘗來要比平常少了點架構。
身為消費者，這表示我們可以在這款酒的中、短期內開來享用，如果是好一點的年分，則可能要等到約 5 年後或更久，待酒款的稜角軟化，香氣綻放後才會適飲。
如果你想找耐放的酒，即可以窖藏達 10 年不等的酒款，不妨選擇更晚近一點的年分，如 2015 年就是個潛力無限的年分。

羅亞爾河推薦酒單

第 30 杯：羅亞爾河的中央谷地，
包括松賽爾、普依芙美（Pouilly Fumé）與
蒙內都沙隆（Menetou-Salon）的白蘇維濃

1. Domaine Vacheron, (Sancerre) €€€
2. Vincent Pinard, 'Cuvée Flores' (Sancerre) €€
3. Jean Reverdy, 'La Reine Blanche' (Sancerre) €€
4. Domaine Delaporte, 'Silex' (Sancerre) €€
5. Pierre Prieur et Fils, 'Les Monts Damnés' (Sancerre) €€
6. Pascal Jolivet, 'Sauvage' (Sancerre) €€€
7. Domaine Masson-Blondelet, 'Clos du Château Paladi' (Pouilly-Fumé) €€
8. Didier Dageneau, 'Silex' (Pouilly-Fumé) €€€€€ +
9. Domaine Pellé, 'Morogues' (Menetou-Salon) €€
10. Domaine de Champarlan (Menetou-Salon) €

第 31 杯：都漢（Touraine）與梭密爾（Saumur）的卡本內弗朗，
包括布戈憶紅酒、布戈憶聖尼古拉（St. Nicholas de Bourgueil）、希濃，
與梭密爾香比尼（Saumur-Champigny）

1. Frédéric Mabileau, 'Racines' (Bourgueil) €€
2. Domaine de la Chevalerie, 'Galichets' (Bourgueil) €€
3. Lamé Delisle Boucard, 'Vieilles Vignes' (Bourgueil) €€
4. Domaine Les Pins, 'Vieilles Vignes' (Bourgueil) €€
5. Pascal Lorieux, 'Agnès Sorel' (Saint-Nicolas-de-Bourgueil) €€
6. Domaine Olivier, (Saint-Nicolas-de-Bourgueil) €€
7. Charles Joguet, 'Clos de la Dioterie' (Chinon) €€€
8. Bernard Baudry, 'Le Clos Guillot' (Chinon) €€€
9. Domaine de la Noblaie, 'Les Chiens Chiens' (Chinon) €€
10. Chateau de Villeneuve, 'Le Grand Clos' (Saumur Champigny) €€€
11. Domaine Filliatreau, (Saumur Champigny) €€

第 32 杯：莎弗尼耶

1. Domaine de la Bergerie, 'Clos le Grand Beauprêau' €€
2. Patrick Baudouin, €€€
3. Domaine du Closel, 'Clos du Papillon' €€€
4. Domaine des Deux Arcs, €€
5. Damien Laureau, 'Le Bel Ouvrage' €€€€

科西嘉 Corsica

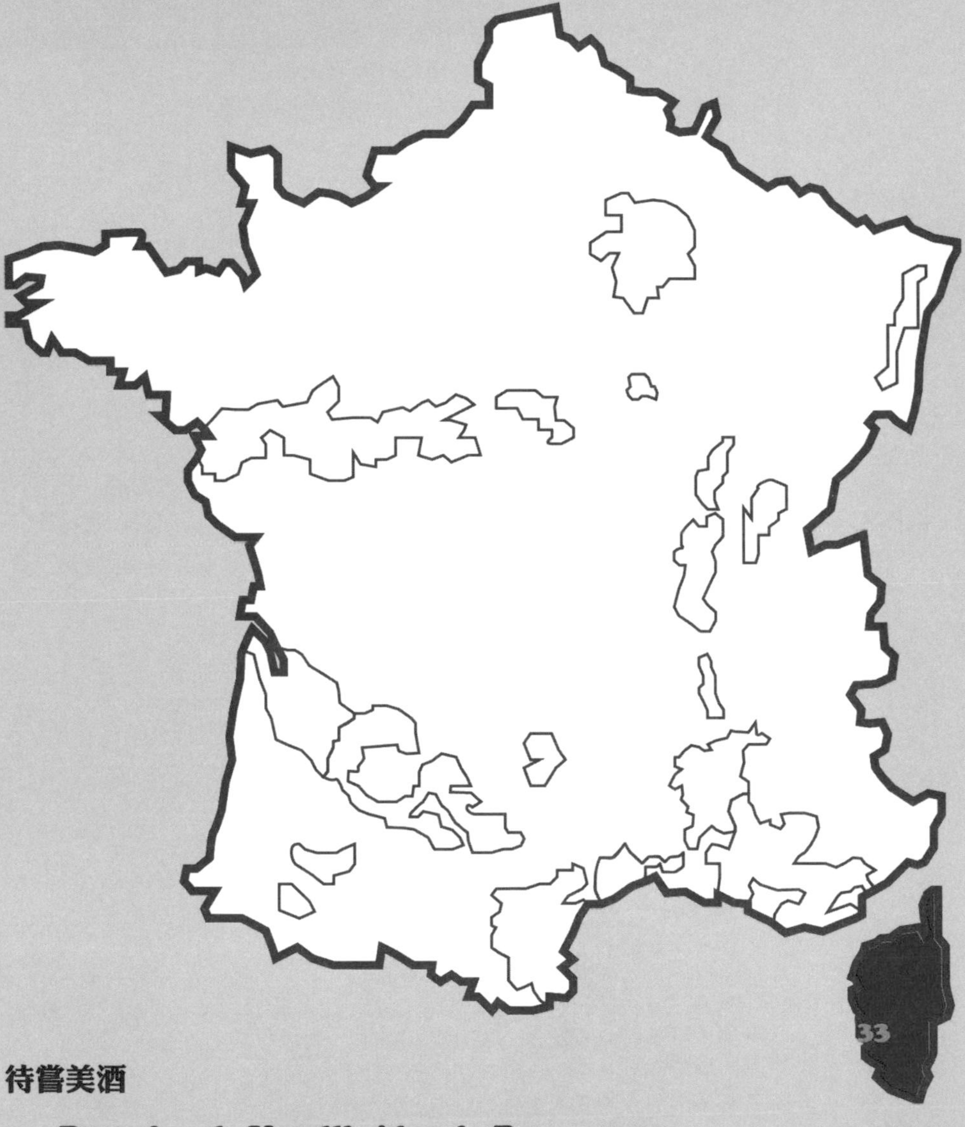

33

待嘗美酒

33. Domaine de Vacelli, Ajaccio Rouge 2013

第 33 杯也是本書的最後一杯酒，將帶我們離開冷涼的羅亞爾河，回到溫暖的地中海產區。這裡是地中海南部，也是法國人口中的「美麗之島」（Ile de Beauté）科西嘉。

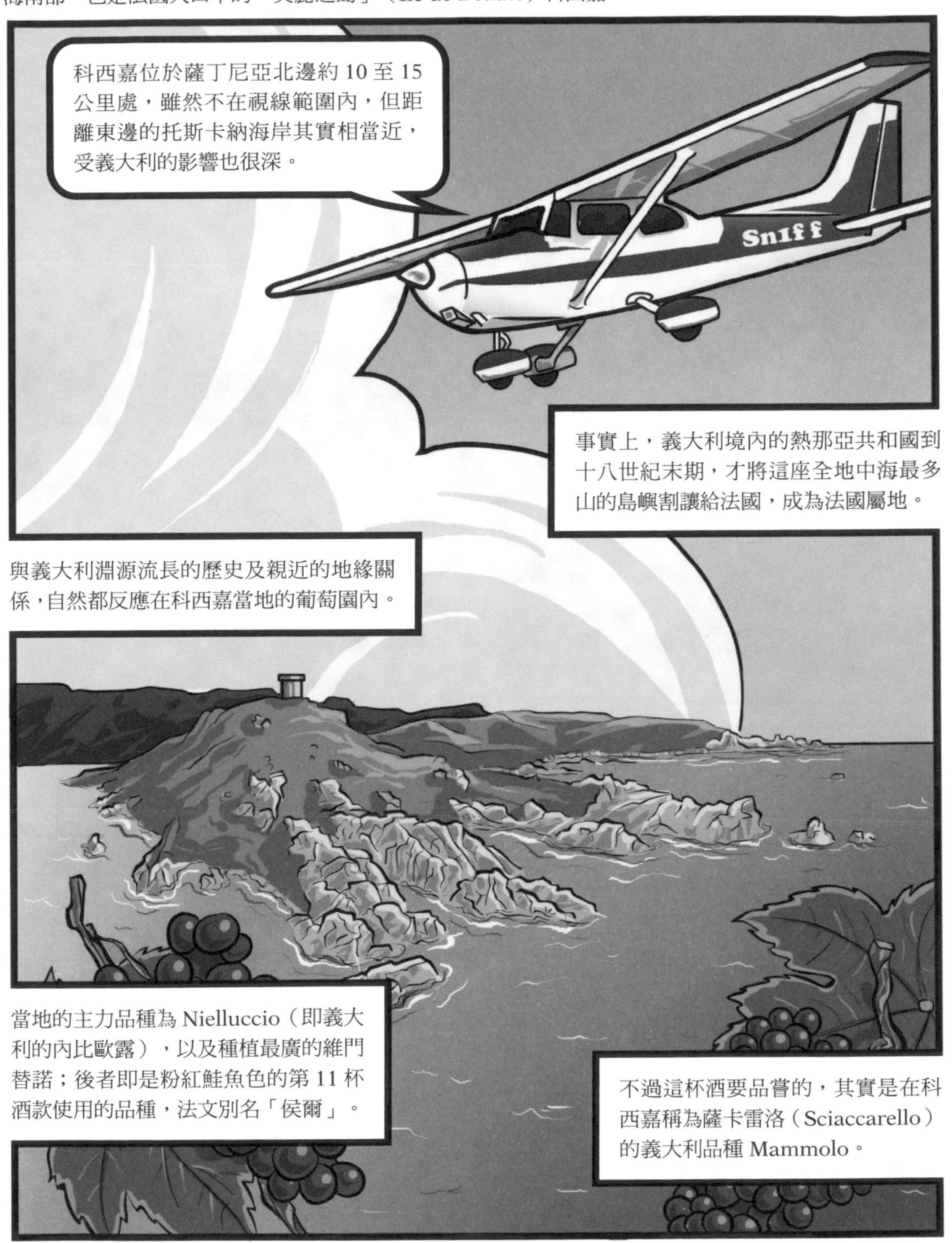

科西嘉位於薩丁尼亞北邊約 10 至 15 公里處，雖然不在視線範圍內，但距離東邊的托斯卡納海岸其實相當近，受義大利的影響也很深。
Sn1ff
事實上，義大利境內的熱那亞共和國到十八世紀末期，才將這座全地中海最多山的島嶼割讓給法國，成為法國屬地。
與義大利淵源流長的歷史及親近的地緣關係，自然都反應在科西嘉當地的葡萄園內。
當地的主力品種為 Nielluccio（即義大利的內比歐露），以及種植最廣的維門替諾；後者即是粉紅鮭魚色的第 11 杯酒款使用的品種，法文別名「侯爾」。
不過這杯酒要品嘗的，其實是在科西嘉稱為薩卡雷洛（Sciaccarello）的義大利品種 Mammolo。

這個品種為什麼值得作為最後一款酒的品種呢？因為無論薩卡雷洛或科西嘉島都與義大利淵源極深，足以為下一本系列著作鋪路。沒錯，就是繼《33 杯酒喝遍法國》之後的《36 杯酒喝遍義大利》！

Glass
史上最有名的科西嘉人——其實就是我們說的法國人啦——莫過於拿破崙，而孕育這款酒的花岡岩葡萄園所在之處，正是這位傳奇謀略家、軍事領袖，以及帝國創建者的家鄉，即科西嘉首府。
33 阿加修（紅酒）Domaine de Vacelli, Ajaccio Rouge 2013, €€
薩卡雷洛也許源自於義大利，但這個古老的品種在家鄉托斯卡納其實已經不再受寵。
DOMAINE DE VACCELLI
只消看義大利葡萄園內多以獨具草本香氣的山吉歐維榭（Sangiovese）為主，就知道當地酒農偏好這個性鮮明偶爾帶質樸調性的品種，遠勝過 Mammolo（即薩卡雷洛），也使得後者的商業價值逐漸消失。
但若因此忽視薩卡雷洛可是大錯特錯；這個品種的諸多特質能使其釀出與平庸無關的酒款，證據就在我們接下來的品飲筆記中。

Sniff 的品飲筆記

雖然酒色較為淺淡，香氣可是一點也不平凡。酒款展現了爽脆的紅櫻桃、蔓越莓與紅石榴果香，加入玫瑰和牡丹花香氛後便接著帶出口感的風味。新鮮的香氣與明亮的酸度契合，滋味年輕鮮活，單寧質地近似果實櫬皮的口感，風味則略有龍膽苦味，既能清潔味蕾，也能為酒款帶來更多生氣。這款酒展現的些許辛香料氣味額外引人入勝，雖然餘韻不特別長，卻非常吸引人，使得它易飲又討喜。

薩卡雷洛的花青素含量較低，因此釀成的酒款通常呈現較淺淡的紅寶石色。

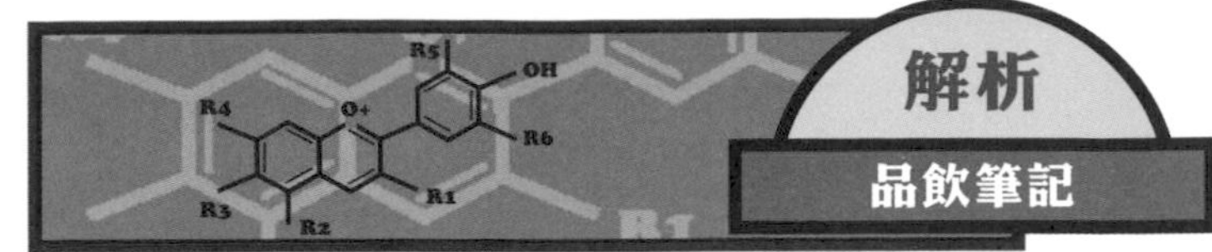
解析
品飲筆記
R5
OH
R4
O+
R6
R1
R3
R2

不管是托斯卡納的 Mammolo 或科西嘉的薩卡雷洛，只消看這個品種名的詞源，就不難理解它的香氣與風味為何。

在由「三 J」（Jancis Robinson、Julia Harding 與 José Vouillamoz）合著的大作《Wine Grapes》中曾提到，「Mammolo」一詞源自於「Viola mammola」，即義大利文的香堇菜或甜紫羅蘭。

這杯酒款也確實反映了這香氛的花果調性。同樣地，薩卡雷洛（有「爽口的」之意）爽脆新鮮的個性也展現在這款酒中。

薩卡雷洛在阿加修（Ajaccio）與周邊產區之所以成功，主要在於當地土壤相當適合它的生長。
如同我們在第 14 杯教皇新堡 Vieux Donjon 所見，沙質土壤非常適合該品種。這類土質似乎有助於加強並提升它的香氣，使釀成的酒款更加優雅，並展現出質地較重的土壤所無法引導出的程度。

加上酒莊專注於釀出具有架構的酒款，先經 4 週浸漬期再熟成，無非是為了保留酒中的第一層果味，使酒款展現出如果實櫬皮般的單寧質地及鮮活的滋味。

浸漬
熟成
由於這是本書最後一款酒，勢必要嘗來可口怡人，還必須有足夠親民的價位。
酒款的餘韻同樣表現不俗。如同放在耳邊的音叉，偉大的酒款總是繚繞許久不絕於耳（口），而表現次佳的酒款則早已悄然無聲。

這款酒是以 Vaccelli 酒莊表現最佳的葡萄釀成（酒莊的 Granit 與 Roger Courrèges 系列），成品雖然較缺乏深度，卻展現出怡人的純淨滋味。

科西嘉推薦酒單

第 33 杯：阿加修（紅酒）

1. Domaine Comte Peraldi, €€
2. Clos Ornasca, 'Cuvèe Stella' €€
3. Domaine Comte Abbatucci, 'Cuvée Faustine' €€€
4. Domaine U Stiliccionu, 'Antica' €€€

專有詞彙

我們已經盡可能以文字和漫畫來解釋文中所遇到的專有名詞，因此這章的篇幅並不長。

貴腐黴（Botrytis）

全名為「Botrytis cinerea」。是一種使葡萄染上灰黴（Grey Rot）或得到灰黴病（Botrytis Bunch Rot），造成廣大損害的有害黴菌，然而如果葡萄在對的時間與對的地點染黴（如索甸和巴薩克產區），則會提升成為貴腐黴（Nobel Rot），有助於使葡萄脫水，集中果實內的風味與糖分。

克里瑪（Climat）

克里瑪一詞最常出現於布根地產區，用以形容一處特定地區的葡萄園或一塊葡萄園內的特定區塊，因其範圍內的風土條件或地理環境有別於它處而值得注意。

落果（Coulure）

因缺乏足夠的醣分或／及天候不佳（多風、過冷或過於潮濕）導致開花狀況不良，進而造成落果以及坐果不良。落果即果實由果串上落下，代表產率會大幅降低，諸如格那希等特定品種尤其容易落果。

優質葡萄園或優質產區／酒莊（Cru）

指一塊經過品質認證的葡萄園。英文常譯為「growth」，因此，在英文中一級園或特級園便寫作「first growth」或「great growth」。這個字詞也可以用來指稱葡萄酒村莊，如薄酒來北部的弗勒莉特級村莊，或是隆河產區內的艾米達吉與教皇新堡產區。

特釀（Cuvée）

這是個容易引起誤會的詞；它有許多意義，但本書指的是酒莊特別釀造的批次酒款。這個詞最常在酒標上標示為「Cuvée Speciale」，雖然沒有官方認證的品質意義，但常用來指酒莊特別裝瓶或釀造的酒款。

發酵（Fermentation）

指酵母在無氧環境中將糖分轉換為酒精（或更正確的說，乙醇），並代謝出二氧化碳的過程。

飛盤（Frisbee）

塑膠盤運動類始祖。如果你從未擁有過飛盤，告訴你，只要以一瓶稍微像樣的酒款同等價格就可以買到，然後你的生命就會就此不同……

地中海灌木（Garrigue）

多用於南法（特別是隆格多克），指當地沿岸平原內生長旺盛的灌木叢，但這也特別用來指當地貧瘠的石灰岩土壤。

留地（Lieu Dit）

通常用來指稱特定地塊的傳統或當地名稱。布根地有數不清的留地，其名稱在酒標上常接在村莊名之後出現，如 Domaine Maume 酒莊的 En Pallud 留地酒款，就位於哲維瑞香貝丹村莊內。

乳酸轉化或乳酸發酵（Malolactic Conversion or Malolactic Fermentation）

這是酒中乳酸菌將較強烈、較酸澀的蘋果酸（Malic acid）轉換為較柔和的乳酸（Lactic acid）的過程，常在酒精發酵完成後接著進行（有時也會與酒精發酵同時發生）。

甲氧基吡嗪（Methoxypyrazines）

簡單來說，這是我們在酒中找到的草本香氣與風味的化合物。異丁基 - 甲氧基吡嗪（Isobutyl-Methoxypyrazine）與卡本內蘇維濃和卡本內弗朗中常見的青椒風味有關。

歐帕倫普斯人（Oompa Loompa）

威利・旺卡（Willy Wonka）形容他們是有著「搞笑長髮」的「小小」人。

土壤學（Pedology）

研究土壤的學科。

雨影（Rain-Shadow）

位於山脈背風坡的乾燥地區。山脈阻擋了向風坡的氣候系統，使得潮濕的空氣上升至山頂，最終凝結成雨而降下，而山的另一面（背風坡）則維持乾燥的氣候；最明顯的例子要屬阿爾薩斯。

硫化物（Sulphides）

以化學的角度來說，硫化物即「硫與氫或金屬分子的化合物，其中硫原子是以最還原的狀態呈現，即在化合物中由其它化學元素獲得兩個電子。」（出自《The Oxford Companion to Wine 2013》）。以品飲的角度來說，「還原」的硫（當該元素與氫或其它元素結合時）會帶來類似腐敗雞蛋或燒橡膠等風味，或是如土壤等其它令人接受度較高的氣味。只需使用滗酒瓶或讓杯中酒款與氧氣稍做接觸，這種氣味便會消散。

托凱（Tokaj）

匈牙利的葡萄酒產區，以美麗且複雜的甜酒而聞名；托凱甜酒是以染上貴腐黴的弗明（Furmint）與 Harslevelu 葡萄釀成。

酒農（Vigneron）

法文中指專門種植釀酒葡萄的農夫；他們也負責以自己種植的葡萄釀酒。

參考書目

關於葡萄酒的好書數也數不清，但偉大的葡萄酒書則為數不多。以下這份書單中的葡萄酒書，是我幾乎每週都會查閱的好書。

《Wine Grapes》

Robinson, J., Harding, J. and Vouillamoz, J., 2013. Wine Grapes: A Complete Guide to 1,368 Vine Varieties, Including Their Origins and Flavours. Penguin UK.

《The Oxford Companion to Wine》

Robinson, J. and Harding, J. eds., 2015. The Oxford Companion to Wine. Oxford University Press.

《世界葡萄酒地圖》（The World Atlas of Wine）

Johnson, H. and Robinson, J., 2013. The World Atlas of Wine 7th Edition. Mitchell Beazeley, London.

《Postmodern Winemaking》

Smith, C., 2013. Postmodern Winemaking: Rethinking the Modern Science of an Ancient Craft. Univ of California Press.

《Essential Winetasting》

Schuster, M., 2017. Essential Winetasting: The Complete Practical Winetasting Course. Mitchell Beazley, London.

《The Grapevine》

Iland, P., Dry, P., Proffitt, T. and Tyerman, S. (2011). The Grapevine: From the Science to the Practice of Growing Vines for Wine. Adelaide: Patrick Iland Wine Promotions

《Wine Science》

Goode, J., 2014. Wine Science: The Application of Science in Winemaking. Mitchell Beazley, London.

《巧克力冒險工廠》（Charlie and the Chocolate Factory）

Dahl, R., 1964. Charlie and the Chocolate Factory. George Allen & Unwin, London.

撰寫品飲筆記

我知道有一些讀者可能完全不想要記下品飲心得，或記錄造訪酒莊時曾開來品嘗的酒款，但其他讀者可能不這麼想，因此我們隨書附上品飲筆記表和簡單的品飲指南，點出你可能會特別想要記錄的葡萄酒資訊。品飲筆記扮演的角色就像是簡單的備忘錄，僅是為了提醒我們喜歡或不喜歡特定酒款的原因，因此請使用對自己有意義且能夠表達自己感受的語言來記錄。如果你試圖仿照其他人寫作品飲筆記的模式，或單純只給一個分數了事，那麼等你回到家想重溫這些紀錄時，對於酒款的記憶自然會較不清晰。

為此，我以最後這款科西嘉 Domaine de Vaccelli 酒莊的酒款為例，謄寫一份簡單的品飲筆記。這是較為隨性、個人的寫法，請各位讀者原諒這簡潔的風格，我的目的是想要表示記錄品飲筆記其實很簡單，畢竟我們是在品飲葡萄酒，而不是在製作火箭。

你會發現，我們整理的品飲筆記表格中，最後列出了 **B**、**L**、**I**、**C** 幾個字母縮寫的欄位，以便讓你記錄自己的結論。這些字母首分別代表了平衡（**B**alance）、長度（**L**ength）、濃郁度（**I**ntensity），以及複雜度（**C**omplexity）。

雖然 BLIC 這方法看似有些僵硬，卻是評量一款酒非常有效的工具。如果你曾在英國葡萄酒與烈酒教育基金會（Wine and Spirit Educational Trust，即 WSET）機構學習，那麼你對於 BLIC 可能不陌生，其實際之處在於使用方便，事實上 WSET 甚至建議以此作為評論酒款品質的核對項目。如果四個條件都符合，表示酒款品質卓越，符合三個條件則酒款品質出色，只符合兩個條件，則該款酒品質屬佳，但如果只有一個條件符合，則表示這款酒品質僅屬平庸。很明顯地，評斷這些條件的方式有些主觀，但你可以依據自己的經驗來評斷，讓它成為非常個人但能有效評估任何葡萄酒的工具。只要稍加練習，你會發現自己「正確」地評量葡萄酒的功力會與日遽增，並能夠依據這些條件給出特定酒款正面的評價，即便它們可能不符合你的味蕾。

以第 33 杯酒為例，我把酒款的平衡度這欄給了滿分 1 分，長度與濃郁度僅 0.5 分，至於複雜度則有 0.75 分，因此這款酒總分 2.75，是接近品質出色的葡萄酒。

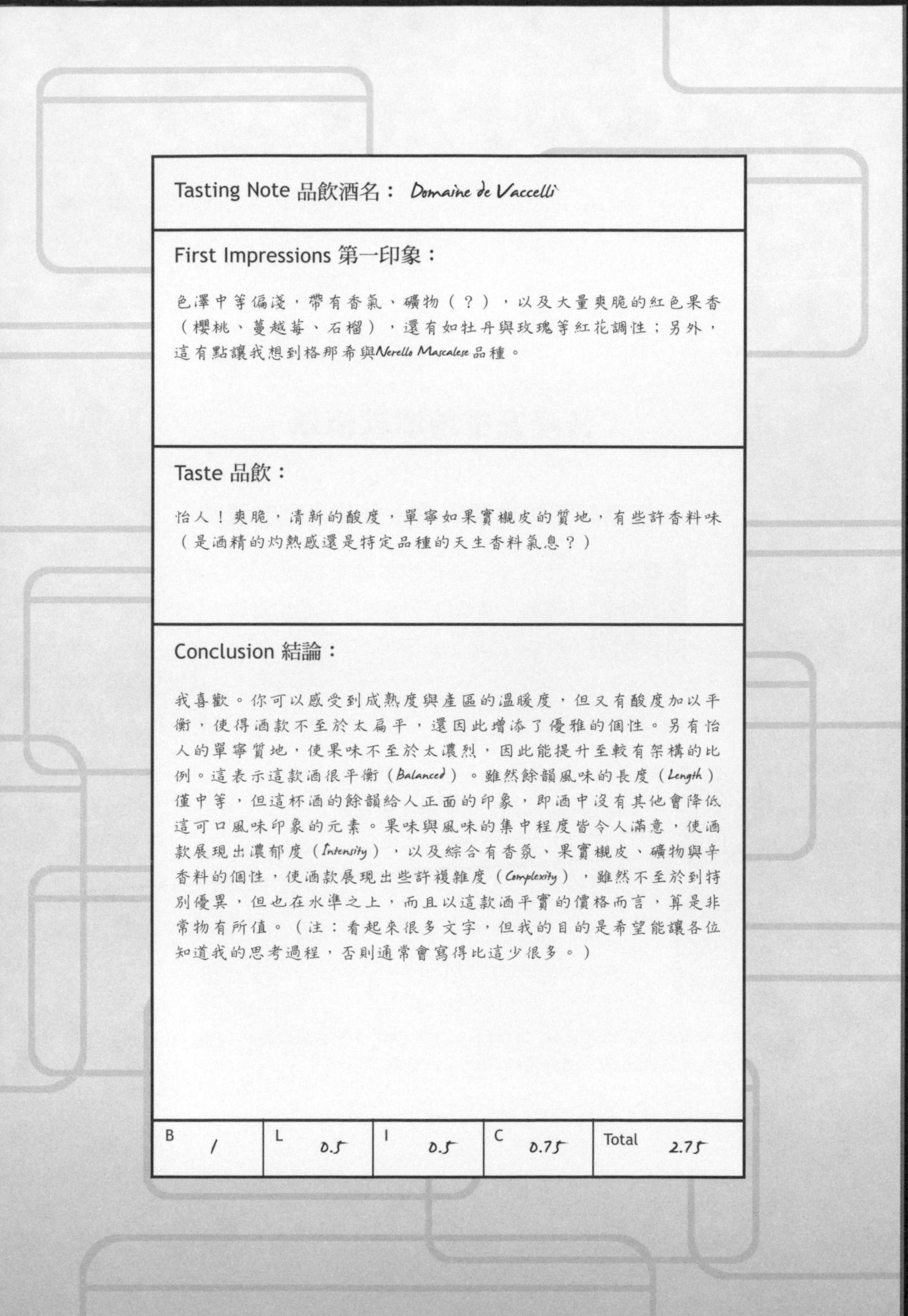

Tasting Note 品飲酒名：Domaine de Vaccelli

First Impressions 第一印象：

色澤中等偏淺，帶有香氣、礦物（？），以及大量爽脆的紅色果香（櫻桃、蔓越莓、石榴），還有如牡丹與玫瑰等紅花調性；另外，這有點讓我想到格那希與Nerello Mascalese品種。

Taste 品飲：

怡人！爽脆，清新的酸度，單寧如果實櫬皮的質地，有些許香料味（是酒精的灼熱感還是特定品種的天生香料氣息？）

Conclusion 結論：

我喜歡。你可以感受到成熟度與產區的溫暖度，但又有酸度加以平衡，使得酒款不至於太扁平，還因此增添了優雅的個性。另有怡人的單寧質地，使果味不至於太濃烈，因此能提升至較有架構的比例。這表示這款酒很平衡（Balanced）。雖然餘韻風味的長度（Length）僅中等，但這杯酒的餘韻給人正面的印象，即酒中沒有其他會降低這可口風味印象的元素。果味與風味的集中程度皆令人滿意，使酒款展現出濃郁度（Intensity），以及綜合有香氛、果實櫬皮、礦物與辛香料的個性，使酒款展現出些許複雜度（Complexity），雖然不至於到特別優異，但也在水準之上，而且以這款酒平實的價格而言，算是非常物有所值。（注：看起來很多文字，但我的目的是希望能讓各位知道我的思考過程，否則通常會寫得比這少很多。）

B	L	I	C	Total
1	0.5	0.5	0.75	2.75

各產區推薦酒款清單

33杯酒與延伸推薦酒單＆台灣代理商資訊

想要進一步尋找本書介紹與延伸推薦酒款，請到以下聯結下載相關資訊：https://goo.gl/EHELRX

※積木文化會不定時更新以上資訊，想要收到最新訊息，你可以：

・按讚追蹤我們的FB粉絲專頁：積木生活實驗室

・訂閱「積木生活實驗室・Tasting Bar品飲電子報」
https://goo.gl/TZTHRm

歡迎本書列舉酒單中的酒莊／代理商與我們聯繫更新資訊或合作活動，請來信：pr@cubepress.com.tw ，或來電02-25007696分機2756。

銘謝

馬克

我最想感謝的，自然是在我所有共事過的夥伴中人最好的麥可，
他的創意、熱情及友情，就如同本書所介紹的每一款美酒豐富。
我也要感謝妻子 Chrysta 願意花時間評論我的作品，
而不只是簡單地說句「很好啊」，然後就此帶過。
她對我的信心，讓我更加謙卑。
最後也最重要的，我想感謝讓這些葡萄酒能夠躍然於書頁之中的所有釀酒業者們。沒有他們的辛勤努力，我就不可能因此受啟發而寫下他們努力的成果。
謝謝你們為生活更添一分可口。

麥可

致 Daisy，謝謝妳讓這成為可能。
致馬克，謝謝你讓這成真。

我的法國葡萄酒品飲筆記

Tasting Note 品飲酒名：				
First Impressions 第一印象：				
Taste 品飲：				
Conclusion 結論：				
B	L	I	C	Total

Tasting Note 品飲酒名：

First Impressions 第一印象：

Taste 品飲：

Conclusion 結論：

B	L	I	C	Total

33杯酒喝遍法國

葡萄酒大師教你喝出產區、風土、釀酒風格 全面掌握法國酒精華＊暢銷經典版＊

原文書名／France in 33 Glasses: Sniff's Field Guide to French Wine
作　　者／葡萄酒大師馬克・派格（Mark Pygott MW）
繪　　者／麥可・歐尼爾（Michael O'Neill）
譯　　者／潘芸芝

總 編 輯／王秀婷
責任編輯／向艷宇
美術編輯／于靖
行銷業務／黃明雪、林佳穎
版　　權／徐昉驊

發 行 人／凃玉雲
出　　版／積木文化
104台北市民生東路二段141號5樓
官網：www.cubepress.com.tw
電話：(02) 2500-7696　傳真：(02) 2500-1953
讀者服務信箱：service_cube@hmg.com.tw

發　　行／英屬蓋曼群島商家庭傳媒股份有限公司城邦分公司
台北市民生東路二段141號11樓
讀者服務專線：(02)25007718~9　廿四小時傳真專線：(02)25001990~1
服務時間：週一至週五 09:30-12:00、13:30-17:00
郵撥：19863813　戶名：書虫股份有限公司
網站：城邦讀書花園 www.cite.com.tw

香港發行所／城邦（香港）出版集團有限公司
香港灣仔駱克道193號東超商業中心1樓
電話：852-25086231　傳真：852-25789337

馬新發行所／城邦（馬新）出版集團 Cité (M) Sdn. Bhd
41, Jalan Radin Anum, Bandar Baru Sri Petaling,
57000 Kuala Lumpur, Malaysia.
電話：603-90563833　傳真：603-90566622

製版印刷　中原造像股份有限公司

定價：540元
ISBN：978-986-459-130-5
EAN：471-770-211-702-3
2018年6月初版2刷
2022年2月二版1刷

國家圖書館出版品預行編目 (CIP) 資料

33杯酒喝遍法國：葡萄酒大師教你喝出產區、風土、釀酒風格，全面掌握法國酒精華 / 馬克 . 派格 (Mark Pygott) 作 ; 潘芸芝翻譯 . -- 初版 . -- 臺北市：積木文化出版：家庭傳媒城邦分公司發行，2018.04
面；　公分
譯自：France in 33 glasses : sniff's field guide to French wine
EAN 471-770-211-702-3(平裝)

1. 葡萄酒 2. 品酒

463.814　　107004563

城邦讀書花園
www.cite.com.tw